BUSINESS

하루 한 권,

히라노 아쓰시 칼 글
기타가마에 마유 그림
박제이 옮김

전략적인 내일을 만드는 자본과 시장의 지혜

글 / 히라노 아쓰시 칼

미국 일리노이주 출생. 경영 컨설턴트. ㈜넷스트레터지 대표이사 사장, 사단법인 플랫폼
전략협회 대표이사. 도쿄대학 경제학부 졸업. 일본 흥업은행, NTT 도코모 i모드 기획부
담당 부장을 거쳐 2007년 하버드 비즈니스 스쿨 준교수와 컨설팅&연수회사 ㈜넷스트
레터지를 창업해 사장에 취임. 하버드 경영대학원 초대 강사, 와세다 대학 MBA 시간 강
사, BBT 대학교수, 라쿠텐 옥션 이사, 타워 레코드 이사, 도코모닷컴 이사를 역임. 저서
로『プラットフォーム戦略 플랫폼 전략』〈東洋経済新報社〉,『ビジネスモデル超入門 비즈
니스 모델 초입문』〈ディスカヴァー・トゥエンティワン〉,『新・プラットフォーム思考 신
플랫폼 사고』・『カール教授のビジネス集中講義シリーズ 経営戦略・ビジネスモデル
・マーケティング・金融・ファイナンス 칼 교수의 비즈니스 집중 강의 시리즈 경영전략・비
즈니스 모델・마케팅・금융・파이낸스』〈朝日新聞出版〉 등 다수.

[Twitter] carlhirano

일러스트 / 기타가마에 마유

일러스트레이터. 1991년생. 홋카이도 출신. 미술대학 졸업 후 도쿄의 웹사이트 제작 회
사에 디자이너로 취직. 현재는 프리랜서 일러스트레이터로서 광고, 잡지, 서적, 패키지
등 다양한 매체에서 활동.

[Instagram] @gaem0203

들어가며

경영학이란 기업이나 조직의 경영 자원을 얼마나 효율적으로 사용할 수 있을지를 배우는 학문입니다. 여기서 경영 자원이란 그곳에 속한 사람이나 물건, 돈, 정보 등을 의미합니다.

이 책은 경영학을 잘 모르는 사람도 쉽게 이해할 수 있도록 그림과 이야기를 담아 재미있게 썼습니다.

우선, 성격이 다른 두 자매가 대학 축제에서 과자를 판 경험을 살려 과자 가게를 운영하게 되면서 이야기가 시작됩니다. 두 사람은 경영을 이어 나가며 다양한 고민에 빠집니다. 하지만 그럴 때마다 할아버지의 조언을 참고해 경영학을 배우고 성장하며 사업을 키워나갑니다.

그러나 이윽고 자매는 자신들의 사업이 무엇을 위한 것인지 고민에 빠지며 서로 다른 의견을 가지게 됩니다. 사업 확장을 추구하며 상장을 목표로 하는 언니, 그리고 정말로 하고 싶은 일을 자기만의 속도로 해 나가고 싶은 동생의 의견이 대립합니다. 과연 어떤 결말이 우리를 기다리고 있을까요? 그리고 당신이라면 어떤 길을 선택했을지 생각해 보기를 바랍니다.

저는 오랫동안 교수로서 대학과 대학원(MBA)에서 경영학을 가르쳐왔습니다. 어떻게 보면 중소 영세 기업을 운영하는 분들은 모두 경영학을 배우고 있는 것이라 말할 수도 있겠습니다. 그리고 그것은 우리 사회를 건강하게 만드는 원동력이 됩니다.

이 책을 읽고 경영학에 흥미가 생겼다면 이 책의 원본인 졸저『カール教授のビジネス集中講義 シリーズ 経営戦略・ビジネスモデル・マーケティング・金融・ファイナンス 칼 교수의 비즈니스 집중 강의 시리즈 경영전략・비즈니스 모델・마케팅・금융・파이낸스』〈朝日新聞出版〉도 참고해 보세요.

이 책이 즐거운 경영학의 세계로 들어가는 계기가 되었으면 좋겠습니다.

히라노 아쓰시 칼

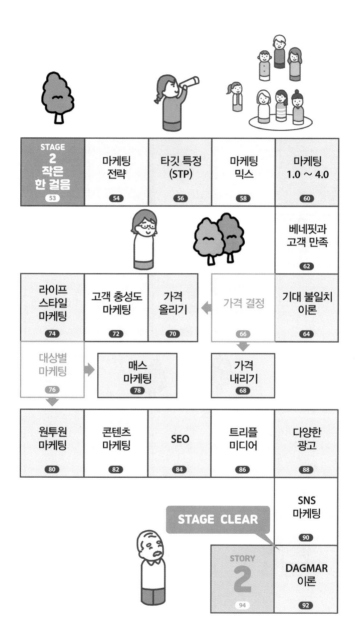

STAGE
2
작은
한 걸음
53

마케팅
전략
54

타깃 특정
(STP)
56

마케팅
믹스
58

마케팅
1.0 ~ 4.0
60

베네핏과
고객 만족
62

라이프
스타일
마케팅
74

고객 충성도
마케팅
72

가격
올리기
70

가격 결정
66

기대 불일치
이론
64

대상별
마케팅
76

매스
마케팅
78

가격
내리기
68

원투원
마케팅
80

콘텐츠
마케팅
82

SEO
84

트리플
미디어
86

다양한
광고
88

STAGE CLEAR

SNS
마케팅
90

STORY
2
94

DAGMAR
이론
92

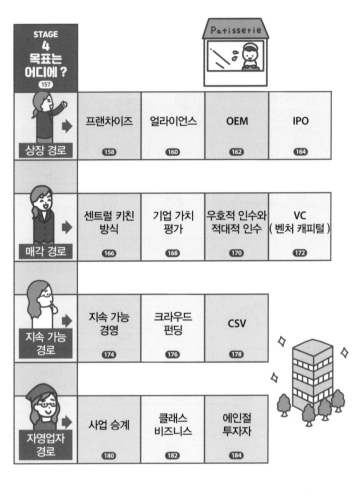

이 책의 활용법

두 페이지의 퍼즐 일러스트가 한눈에 들어오지 않나요? 일러스트를 눈으로 좇는 것만으로도 회사의 경영 포인트와 흐름을 자연스럽게 파악할 수 있도록 구성했습니다. 여기에서는 지면을 구성하는 각각의 요소를 설명하려 합니다.

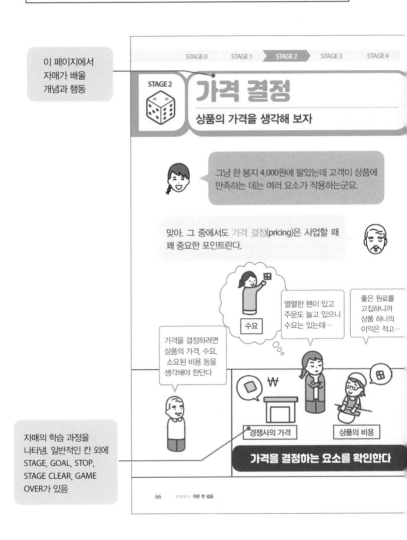

이 페이지에서 자매가 배울 개념과 행동

STAGE 0   STAGE 1   **STAGE 2**   STAGE 3   STAGE 4

STAGE 2

가격 결정
상품의 가격을 생각해 보자

그냥 한 봉지 4,000원에 팔았는데 고객이 상품에 만족하는 데는 여러 요소가 작용하는군요.

맞아. 그 중에서도 가격 결정(pricing)은 사업할 때 꽤 중요한 포인트란다.

수요

열렬한 팬이 있고 주문도 늘고 있으니 수요는 있는데…

좋은 원료를 고집하니까 상품 하나의 이익은 적고…

가격을 결정하려면 상품의 가격, 수요, 소요된 비용 등을 생각해야 한단다

경쟁사의 가격

상품의 비용

가격을 결정하는 요소를 확인한다

자매의 학습 과정을 나타냄. 일반적인 칸 외에 STAGE, GOAL, STOP, STAGE CLEAR, GAME OVER가 있음

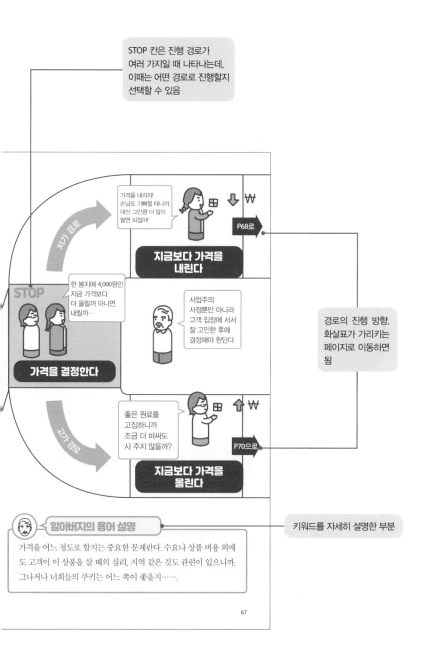

STOP 칸은 진행 경로가
여러 가지일 때 나타나는데,
이때는 어떤 경로로 진행할지
선택할 수 있음

저가 경로

가격을 내리자!
손님도 기뻐할 테니까.
대신 그만큼 더 많이
팔면 되잖아!

P68로

지금보다 가격을 내린다

STOP

한 봉지에 4,000원인
지금 가격보다
더 올릴까 아니면
내릴까…

사업주의
사정뿐만 아니라
고객 입장에 서서
잘 고민한 후에
결정해야 한단다

경로의 진행 방향.
화살표가 가리키는
페이지로 이동하면
됨

가격을 결정한다

고가 경로

좋은 원료를
고집하니까
조금 더 비싸도
사 주지 않을까?

P70으로

지금보다 가격을 올린다

할아버지의 용어 설명

가격을 어느 정도로 할지는 중요한 문제란다. 수요나 상품 비용 외에
도 고객이 이 상품을 살 때의 심리, 지역 같은 것도 관련이 있으니까.
그나저나 너희들의 쿠키는 어느 쪽이 좋을지…….

키워드를 자세히 설명한 부분

김지호

대학교 3학년에 재학 중. 과자 만들기가 취미다. 행동파 야심가로, 생각이 떠오르면 즉시 실행하는 타입이다. 약간 감정적이고 성급하다는 점이 옥에 티. 직접 구운 과자가 잘 팔리자 회사를 더욱 키우고 싶어한다.

김도희

지호의 여동생이다. 언니와 함께 과자 만들기를 즐기며 대학교 2학년에 재학 중. 느긋하지만 주관만큼은 누구보다 뚜렷하다. 돌다리도 두들겨 보고 건널 정도의 성격을 가졌다. 다만 가끔은 '신중함'이 너무 지나쳐서 탈. 회사가 커지자 자기가 하고 싶었던 일을 다시 바라보게 된다.

할아버지

지호와 도희의 할아버지. 파티시에로 오래 일했으며 지금도 파티스리를 운영하는 경영자다. 장사와 경영에 관해 두 사람에게 여러 조언을 건네는 인물. 사업 자금을 출자해 주기도 하고, 휴업 중인 가게의 주방을 두 사람에게 빌려 주기도 하는 등 손녀들에게 너그럽다.

프롤로그

지호와 도희는 대학 축제에서
과자를 파는 문제에 대해 의논하고 있다

언니, 우리가 만든 과자를 축제에서
판다는 거 진심이야?

그럼. 만든 과자 나눠 주면 항상
반응 좋잖아.

근데 모르는 사람이 사 줄까…….

도희야, 너는 무슨 일이든 하기 전부터 걱정
하더라! 일단 해보자!

STAGE 0

비즈니스의 계기

좋아하는 일이 돈이 된다고?

도희야. 우리 과자 만드는 거 좋아하잖아.
좋아하는 일로 돈을 벌 수 있다니, 최고야!

그거야 그렇지만…….

음, 일단은 같이 생각해 보자!

팔아 보자!

근데 뭘?

우리가 잘하는 건
구움 과자잖아

START

잘하는 것부터 떠올린다

불은 못 쓰니까 전자기기로 만들 수 있는 것

들고 다닐 수 있는 작고 가벼운 것

가을이라 선선함

가게 느낌도 귀엽고

와플

가게 문을 연다

대성공!

NEXT STAGE

P16으로

와플 메이커로 따끈따끈한 와플을 굽자!

토핑도 다양하게 고를 수 있으면 좋을 것 같아!

다양한 요소를 고려해 상품을 정한다

도와줘!

좋아!

인력을 확보한다

좋아하거나 잘하는 일로 뭔가를 만들어서 고객에게 제공하는 일은 돈이 되는구나! 나 물건을 만들어 파는 일에 흥미가 생긴 것 같아. 맞다, 우리 과자를 할아버지 가게에서도 팔면 어떨까?

두 사람은 과자 판매에 대해 의논하기 위해 할아버지의 가게를 찾아왔다.

…사정이 이래요. 할아버지 가게에서도 저희 과자를 팔 수 있게 해주세요!

으음, 그보다는 이왕이면 너희들이 팔아보면 어떻겠니?

아무리 그래도 저희는 초보고…….

그건 할아버지가 조언해 줄게. 애초에 판매용 음식물은 보건소에 신고한 시설에서 제조된 것이어야 하니까.

그럼 할아버지네 가게 주방 빌려 주세요!

마침 가게 하나가 비어 있으니 거기라면 괜찮겠구나! 보건소 신고와 식품 위생에 관한 강습 수강도 잊지 말고.

이렇게 두 사람은 할아버지에게 과자 가게 경영의 기초를 배우게 되었다.

STAGE 1
사업의 시작

물건을 만들어 팔기 위해서는
어떤 것부터 시작하면 좋을까?

자, 우선은 장사를 시작하기 전에 필요한
기초 지식을 공부해 볼까? 애초에 경영이
라는 건 말이지…….

자, 잠깐만요, 할아버지! 최대한 쉽게 부탁해요!
나도 도희도 어려운 말은 이해 못해요!

(자기랑 같은 취급하네……!)

STAGE 1

흥미 · 강점 · 수요

세 개가 겹치는 것을 찾아 볼까?

축제 때 너희들이 생각한 것은 옳았어. 그래서 성공한 거란다.

그게 무슨 소리예요?

너희들이 좋아하는 것과 잘하는 것, 그리고 고객을 고려했잖니? 그게 중요한 거거든.

축제 때의 흥미, 강점, 수요를 다시 한번 말로 정리해 보자

당연히 '과자'죠!

'과자 만들기'야, 언니

'흥미'를 생각한다

세 요소가 겹쳐야 하는구나, 어렵네

그 세 요소가 겹친 결과가 바로 와플 메이커로 만드는 따끈따끈한 와플이었단 얘기지!

NEXT

세 요소가 겹치는 지점을 생각한다

사업의 방향성을 결정

그때의 기후나 고객의 상황을 생각했던가

'수요'를 고려한다

흥미
과자 만들기

강점
구움 과자 만들기

수요
따뜻하고 들고 다니며 먹기 좋은 것

우리의 '강점'은 과자 만들기!

그중에서도 구움 과자네

'강점'을 고려한다

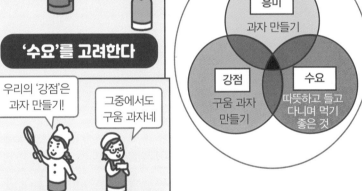

할아버지의 용어 설명

사업을 시작하려면 흥미·강점·수요 세 가지가 반드시 겹쳐야 해. 예컨대 '아이스크림 만들기를 좋아하고 잘하더라도 추운 날에는 수요가 없다'는 점에서 알 수 있듯이, 셋 중 하나라도 빠지면 잘 될 수가 없어.

STAGE 1

경영이란

경영의 구조를 알아보자

그럼 어서 빨리 과자를 만들어 팔자!

지호는 성미가 급하구나. 그 전에 경영이란
무엇인지를 간단히 설명해 줄게.

경영이요? 진짜로 간단히
설명해 주셔야 해요!

물건
제과 기구 · 재료

사람
파티시에와 판매 직원

우리 회사를 예로
생각해 보자

돈
출자자로부터
모은 자금

정보
유행하는 과자
등의 데이터

사람, 물건, 돈, 정보 등
네 가지 경영 자원을 갖춘다

설비 투자 신상품 개발

 번 돈으로 더욱 좋은 상품을 만드는 거구나

 NEXT

번 돈의 일부로 설비나 상품을 강화한다

 출자자의 돈으로 상품이 만들어진 거니까

 고맙습니다

번 돈의 일부를 출자자에게 나눠준다

네 가지를 조합해서 상품을 만들어 판매

상품이 히트를 쳐서 회사가 돈을 번다

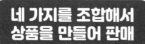

 할아버지의 용어 설명

경영이란 ①출자를 받아서 ②그것으로 상품이나 서비스를 만들어 돈을 벌고 ③그중 일부를 투자해 더 좋은 상품이나 서비스를 만들어 ④ 더 많은 돈을 버는 사이클이란다. 이 과정이 제대로 굴러가지 않으면 원인이나 개선점을 생각해야 하지.

STAGE 1

비전과 미션
회사가 지향하는 방향을 결정하자

경영의 개념을 이해했으니 이제 비전과 미션을 결정해 볼까?

비전과 미션이요?

간단히 말하면 이 사업의 최종 목표와 그것을 통해 무엇을 이루고 싶은지를 정하는 거란다.

두 사람은 과자를 팔아서 최종적으로 어떻게 되고 싶니?

또 그 사업을 통해 사회에 어떤 영향을 끼치고 싶니?

당연히 과자계의 최고죠! 회사명은 'Chocolate & Walnut'! 줄여서 C&W!

벌써 이름까지 정했어…

C&W

비전을 생각한다

직원들의 노동 환경도 제대로 갖추고 싶어

NEXT

더 구체적인 미션을 세운다

우리 과자와 관련된 모든 사람이 행복하면 좋겠어

미션을 생각한다

매출뿐 아니라 고객 만족도도 최고! 원재료도 공정 무역을 통해 들여왔고, 알레르기가 있는 사람도 배려한 상품이에요!

옳거니! 다음으로 미션을 생각해 볼까?

더 구체적인 비전을 세운다

할아버지의 용어 설명

비전과 미션을 통해 시작하고자 하는 사업의 이상적인 모습을 확인했지? 지호와 도희의 사업을 예로 들자면 '관련된 사람 모두가 행복해지는 업계 최고 과자점'인 거지. 이걸 경영 이념이라고 한단다.

STAGE 1

마케팅이란

고객이 원하는 것은?

과자를 많이 팔려면 어떤 사람이 과자를 사 줬으면 하는지를 생각해야 해. 이걸 마케팅이라고 한단다.

아, 들어본 적 있어요!
왠지 사업스러워졌네요!

상품의 가치에서 고객 비용을 빼고도 가치가 남으면 고객은 사 준다

P. 코틀러

마케팅에 관해 유명한 경영학자 코틀러와 드러커의 생각을 살펴보자

총고객가치	총고객비용	순고객가치
상품 서비스 종업원 브랜드	돈 시간 수고 스트레스	맛있어

➖　　　**＝**

코틀러의 생각을 배운다

이노베이션

고객의 미지의 욕구를 찾아 새로운 가치를 제공한다

마케팅

기존의 고객 욕구에 부응한다

 할아버지의 용어 설명

기억이 이익을 내기 위해서는 '누구에게 어떤 가치를 어떻게 제공하는가'가 중요해. 그래서 필요한 것이 바로 마케팅이지. 더욱이 현대에는 고객이 원하는 것뿐 아니라 고객의 욕구 자체를 만들어 내는 것이 요구된단다.

25

STAGE 1

비즈니스 모델이란
돈을 버는 구조를 생각해 보자

고객을 생각하는 것이 중요하다는 건 알았어요!
자, 이제 과자를 만들어요!

지호야, 직접 만든 과자를 파는 라이벌은
이미 잔뜩 있단다. 경쟁사와 다른 시스템,
즉 비즈니스 모델을 생각해야 해.

고객   과자 가게   도매업자

제과회사 중
획기적인 비즈니스
모델을 만들어 낸
글리코[1]를
예로 들어보자.

고객이 가게로 직접
사러 오거나, 전국
편의점과 마트에
상품을 납품하는
거군요

소매점

기존 과자 가게의
비즈니스 모델을 배운다

1. 일본의 제과 회사. 오사카 도톤보리의 글리코 네온사인으로도 유명하다.

오피스 글리코

글리코의 과자가
들어 있는 상자를
회사에 설치해서
직원들이 마음껏
살 수 있도록 한
과자 판매 서비스.
도야마 지역에서
약을 파는 방법을 보고
힌트를 얻었다

먹어야지

밖에 안 나가도
되겠네

그 전에는 가게에서 팔거나
도매로만 팔 수 있었던 과자를
회사 안에 두고 팔면서
새로운 고객을 개척한 거네

실제로는
남성 고객의
수요가 많대

NEXT

오피스 글리코의 예를 참고한다

할아버지의 용어 설명

경쟁사와는 다른 '돈을 버는 구조'를 생각하는 것이 비즈니스의 기본
이란다. 처음에는 경영 자원도 적으니 갑자기 큰일을 벌일 수는 없어.
밑천이 많이 들지 않는 비즈니스 모델을 생각해야 하지.

STAGE 1

코스트 리더십 전략
대기업이 경쟁하는 방식

다음은 경영 전략이다. 너희들이 뛰어들려는 업계는 어떤 상황인지, 또 그 안에서 어떤 작전으로 경쟁해 나갈지를 생각해야 한단다.

우리처럼 이제 막 시작한 회사가
큰 회사와 제대로 경쟁할 수 있을까요?

우선 기본적인 전략은 세 가지가 있는데, 큰 회사와 작은 회사는 경쟁하는 방식도 다르지.

제조사 A

대기업의 방식은
풍부한 경영 자원을
활용한 코스트 리더십
전략이란다

한 해 동안
대량 발주할 테니까
금액도 깎아 주세요!

아, 네!

공장

배송

대량 발주로 비용을 절감한다

A사의 독주가 점점 심해져서 아무도 못 이기게 돼

NEXT →

대기업이 아니면 불가능한 방법이다

쿠키로는 이길 수가 없어… 제조를 그만두고 철수해야 해

쿠키 시장 전체 매출 중 3분의 1을 우리 상품이 차지했어!

시장 점유율을 높여서 경쟁이 불가능해지도록 한다

A사의 쿠키가 싸고 맛있어서 진열대 대부분을 점령해 버렸어

제조사 B

당해낼 수가 없잖아…

비용 절감을 통해 퀄리티가 일정한 상품을 저렴한 가격에 대량으로 진열한다

할아버지의 용어 설명

마이클 포터라는 경영학자가 제창한 세 가지 기본 전략 중 하나가 이 코스트 리더십 전략이란다. 대량 발주와 비용 절감의 자세한 관계는 '규모의 경제'(P134)를 참고하렴.

STAGE 1

차별화 전략

자본이 없다면 아이디어로 승부하자

잠깐만요, 할아버지! 대기업이 저러면 우리는 승산이 없잖아요!

허허, 그걸 뒤집는 게 또 재밌지 않겠니. 지금 력으로는 못 당해도 다른 방도가 있지. 그게 바로 차별화 전략이란다.

저희 가게 과자에는 첨가물이 전혀 들어가지 않아요!

경쟁사

C&W

차별화 전략은 말 그대로 경쟁사와의 차이를 확실히 드러내는 전략이란다

괜찮네

차별화 = 차이를 확실하게 드러내는 것

입지

주택가 한가운데에
가게를 낸다든가

상품

말린 멸치

특이한 식재료를
써본다든가

서비스

고객 한 명 한 명이 세세하게
주문할 수 있도록 한다든가

영업시간

한밤중까지
영업을 한다든가

생각해 보면 다양해

NEXT

차별화 할 포인트를 생각해 본다

할아버지의 용어 설명

이 방법은 아이디어에 따라 큰 매출을 올릴 수도 있지. 그렇다고 무
조건 특이함을 추구하라는 소리가 아니야. 그 차이가 곧 고객의 가치
로 이어질 것을 항상 염두에 둬야 한단다. 그리고 대기업이 따라하기
힘든 부분을 차별화하는 것도 중요해.

31

STAGE 1

집중 전략
범위를 좁혀서 경영 자원을 쏟아 붓기

자, 그럼 어서 우리의 차별화 포인트를 생각해 봐요!

음, 그 전에 전략이 하나 더 있단다. 근데 이건 앞에 나온 두 개와 조합해서 쓰는 거지.

조합한다는 게 무슨 말씀이에요?

코스트 리더십

차별화 × 집중

집중

집중 전략은 지역이나 타깃 같은 것들을 좁히는 거란다. 그 안에서 코스트 리더십이나 차별화 전략을 취하는 거지

특정 범위

집중 전략의 구조를 이해한다

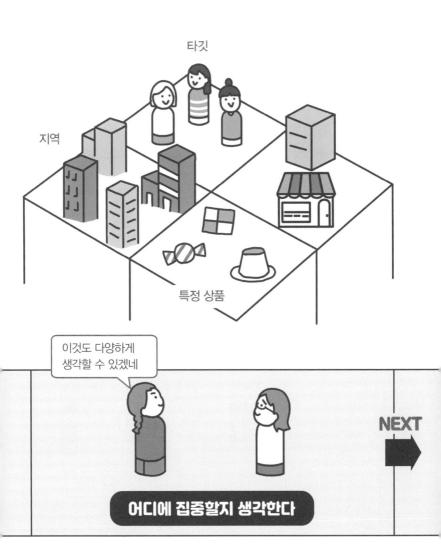

타깃

지역

특정 상품

이것도 다양하게
생각할 수 있겠네

NEXT →

어디에 집중할지 생각한다

할아버지의 용어 설명

앞에 나온 두 전략은 폭넓은 타깃을 향한 전략이지. 지호와 도희처럼
스타트업이라면, 타깃이나 상품 종류를 좁힌 다음 그 범위에서 차별
화해 점유율을 높이는 차별화×집중이 기본 전략이 되는 거란다.

내부 분석과 외부 분석

자사와 환경을 이해하자

다음은 세 가지 분석을 통해서 너희 스스로와 너희를 둘러싼 환경을 생각해 보자꾸나.

확실히 바로 시작하기는 불안하네요. 업계를 제대로 조사하지 않으면 차별화×집중 전략의 구체적인 내용도 정할 수 없으니까요.

외부 환경

경쟁사

고객

내부 환경

분석 방법에는 내부 분석과 외부 분석이 있지

내부 환경이라는 건 자기 회사 상품과 일하는 사람을 말하는 거고

외부 환경은 고객이나 경쟁사, 그리고 세상의 움직임 전부를 가리키는 거죠

내부 환경과 외부 환경의 차이를 이해한다

지금 우리에게 필요한 건
3C 분석, PEST 분석,
SWOT 분석
이렇게 세 가지래

3C 분석, SWOT 분석은
내부와 외부 분석이고
PEST 분석은
외부 분석이네

NEXT

필요한 분석의 종류를 이해한다

할아버지의 용어 설명

내부와 외부 환경은 독립된 것이 아니기 때문에 3C나 SWOT처럼 동시에 생각하는 분석도 있지. 물론 이 세 가지 외에도 다양한 분석이 있단다. 하지만 아직 사업 규모가 작고 상품이나 사업의 종류도 적으니 이 세 가지 분석으로도 충분해.

3C 분석

중요한 세 가지 C란?

자, 그럼 3C 분석부터 살펴볼까?
3C는 Customer, Competitor, Company 이렇게
세 가지란다.

고객, 경쟁사, 자사를 분석하는
거군요.

3C 분석은 내부 분석
이기도 하고 외부
분석이기도 하단다.
경영 전략에서
가장 기본이 되는
분석이지

고객

역시
주요 고객층은
여성이네요.
어떤 수요가
있으려나?

기념품이나
선물로도
살 것 같네

Customer(고객)에 대해 생각한다

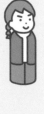

고객과 상품의 틀이 조금씩 보이기 시작했니? 다음 분석에서 더 생각해 보자꾸나

네~

NEXT

현재로서 우리 회사에 있는 건 우리랑 만들 수 있는 과자, 아까 정했던 비전, 그리고 미션뿐이네

그 비전과 미션으로 생각하면 알레르기가 있거나 건강을 생각하는 고객이 원하는 과자를 만들면 될까?

Company(자사)에 대해 생각한다

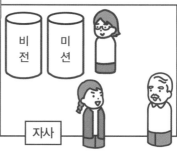

비전 | 미션

자사

유행하는 과자, 정통 과자, 가격이 비싼 것, 싼 것, 건강 과자, 인터넷 판매점 등 여러가지가 있어

Competitor(경쟁사)에 대해 생각한다

경쟁사

할아버지의 용어 설명

3C 분석은 3개의 C를 분석하는 기본 분석이란다. 각각의 C는 밀접하게 얽혀 있기 때문에 바로 구체화할 수 있는 것은 아니야. 다른 방법으로 분석한 다음에 다시 3C 분석으로 돌아와서 생각해야 해.

STAGE 1

PEST 분석

세상의 움직임과 자사의 관계를 분석하자

다음은 PEST 분석이란다. 정치, 경제, 사회, 기술. 이 네 가지에 대해 생각해 보자꾸나.

네? 정치가 우리 과자랑 무슨 상관이 있어요?

큰 상관이 있지! 소비세 개편이나 원자재를 조달하는 나라와의 관계 등 물건을 팔려면 세상이 돌아가는 상황을 항상 민감하게 파악해야 한단다.

Politics, Economy, Society, Technology 이렇게 네 개의 앞글자를 따서 PEST분석 이라고 하지

Politics

예:
세금의 증감

Economy

예:
불경기

Society

예:
저출생, 고령화

Technology

예:
신기술 개발

PEST의 요소를 알아본다

Politics

여러 나라와의 관계에 의한
수입 재료의 가격 상승

Economy

불경기로 인한
소비자의 구매 감소

Society

고령화와 건강 관리 열풍에 의한
고객의 기호 변화

Technology

비용이 적게 드는 제과 설비나
새로운 결제 시스템의 탄생 등

다들 절약하는 분위기가
되면 과자는 제일 먼저
배제될 것 같아

식재료는 수입
품이 많으니까
정치랑도
상관이 있겠네

오히려 절약해야
하니까 한 번 살 때
조금 비싸더라도
좋은 물건을
사고 싶어지지
않을까?

자사와 세상의 관계를 예측한다

할아버지의 용어 설명

PEST 분석은 현재가 아니라 미래에 일어날 것 같은 일을 생각하는
것이란다. 자사 사업에 미치는 영향의 크기와 그 예측이 정말 일어날
지 확실성을 따져보는 것도 중요한 일이지.

STAGE 1

크로스 SWOT 분석

강점과 약점, 위협과 기회

이제 둘이 만들고 싶은 과자가 대강 정해진 것 같네.
'원재료를 신경 쓴 믿고 먹을 수 있는 과자'구나.

네, 거기서 범위를 더 줄여서 비건을 위한 과자를
만들어 볼까 싶기도 해요.

허허, 그럼 상품의 강점 · 약점 · 기회 · 위협을 고려한
크로스 SWOT 분석으로 살펴보자꾸나.

우선 내부의 강점과
단점을 뜻하는 '강점'과
'약점', 외부의 강점과
단점을 말하는 '기회'와
'위협'을 알아 보자

Strength(강점)

원재료에 대한
철저한 배려

Weakness(약점)

적은 자금과
인원

Opportunity(기회)

건강이나 알레르기를
신경 쓰는
사회적 분위기

Threat(위협)

경쟁하는 가게가 많아서
묻혀 버림

SWOT 요소를 확인한다

	Opportunity	Threat
Strength	**기회를 살려 강점으로 승부** 달걀 안 돼요 글루텐 프리 타깃에게서 세세한 주문을 듣고 반영한다	**강점을 살려 위기를 헤쳐 나간다** '비건 과자'를 내세워 브랜드 파워를 높인다
Weakness	**기회일 때 약점을 이용한다** 상품 수를 줄여서 경영 자원을 집중시킨다	**약점을 살려 위기를 헤쳐 나간다** 상품 수를 한정해서 희소성을 높인다

약점이나
위협에서도 긍정적
인 가치를
만들어 내는 것이
중요하구나

어떤 과자를
만들어야 할지
거의 정해졌네

NEXT

네 개를 동시에 고려한다

할아버지의 용어 설명

크로스 SWOT 분석은 내부와 외부의 강점과 단점을 동시에 고려해서 구체적인 방안을 생각하는 것이야. 이해하기 쉬우라고 우선 SWOT의 요소를 하나씩 알아본 거란다. 하지만 실제로는 각 요소를 동시에 생각하면서 구체적인 방안을 여러 개 생각하게 되는 법이지.

STAGE 1

판매 채널

상품을 어떻게 팔까?

할아버지!
비건 쿠키로 정했어요!

좋아, 강의는 끝이네!
마지막으로 판매 채널.
고객에게 어떻게 팔지를 생각해야지.

가게에서 팔지, 인터넷에서 팔지
정하라는 얘기군요.

판매 채널은
상품이
고객의 손에
도착하기까지의
경로를
말하는 거구나

드디어
시작이야!

우리 가게　　EC　　소매　　음식점

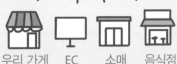

판매 채널을 이해한다

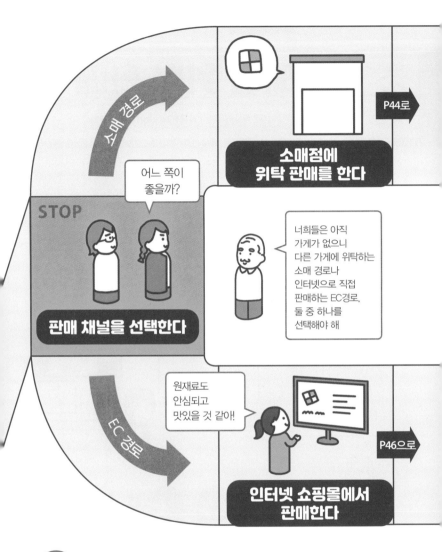

P44로 →

소매점에
위탁 판매를 한다

어느 쪽이
좋을까?

STOP

판매 채널을 선택한다

너희들은 아직
가게가 없으니
다른 가게에 위탁하는
소매 경로나
인터넷으로 직접
판매하는 EC경로,
둘 중 하나를
선택해야 해

원재료도
안심되고
맛있을 것 같아!

P46으로 →

인터넷 쇼핑몰에서
판매한다

할아버지의 용어 설명

지금까지의 분석도 물론 중요했지만 판매 채널 선택은 더욱 더 중요
하단다. 상품의 특성이나 자사의 브랜드, 타깃의 특성 등 다양한 조건
을 고려해서 자사의 상품에 가장 잘 맞는 판매 채널을 정해야 해.

STAGE 1

소매점 위탁 판매

매장에 진열하려면 어떻게 해야 할까?

도희야, 이제 우리 쿠키를 놓고 팔아 줄 가게를 찾자!

음, 갑자기 들어가서 부탁한다고 해 줄까?

소매점에서 대신 팔아 준다면 매출의 일부를 수수료로 지불해야 한단다. 이런 방법을 위탁 판매라고 하지

저희 같은 큰 곳은 기본적으로 신뢰할 수 있는 기업의 상품만 취급해요

마트

아쉽게도 신뢰가 없어서 어렵겠네요

실례합니다~ 이것 좀 팔아 주세요!

마트 같은 대형 소매점에 영업한다

위탁 판매의 길은 험난하단다. 하지만 이 경험도 분명 도움이 될 거야. 판매 채널을 다시 생각해 보자꾸나

GAME OVER
(P43으로 돌아가기)

신뢰가 없으면 위탁 판매도 어렵다

시험 삼아 일정 기간이라면…

잘 부탁 드려요!

상품을 잘 모르기에 아무도 안 산다

상품과 매장의 타깃이 다르다

가게 자체의 인지도가 없다

에이, 그럼 개인 가게를 돌아다니면서 꾸준히 영업하자!

작은 카페에 영업한다

허락을 받더라도 다양한 이유로 팔리지 않는다

할아버지의 용어 설명

대형 소매점에 위탁하면 지명도도 활용할 수 있고 고객도 많아서 잘 팔리겠지만 허락받기까지의 장벽이 높아. 개인 가게에는 위탁할 수 있더라도 매출이 적지. 애초에 수수료가 나가는 만큼 개인 사업자나 작은 회사가 위탁 판매로 돈을 벌기는 어렵단다.

STAGE 1

인터넷 쇼핑몰을 통한 판매

개인도 이용할 수 있는 인터넷 판매

이제 인터넷에서 우리 과자를 팔자!

언니, 과자도 팔 수 있는 인터넷 쇼핑몰을 찾았어.

빠르네! 어서 시도해 보자!

나도 여기서 잡화를 산 적이 있어. 등록할 수 있는 상품에 제한이 있긴 한데 쿠키는 괜찮네

EC란 Electronic Commerce 의 약자로 번역하면 전자 상거래란다. 인터넷에서 매매하는 걸 말하지

수수료도 소매점의 위탁 수수료보다 합리적이야!

인터넷 쇼핑몰에 판매자로 등록한다

간편하게 자기만의 인터넷 쇼핑몰을 만들 수 있는 서비스도 있나 봐. 수수료 없이 팔 수 있네!

게다가 우리 사이트라면 원재료나 경영 이념도 설명할 수 있고 개성적으로 꾸밀 수도 있어!

NEXT

주문 들어왔어!

자사의 인터넷 쇼핑몰을 만든다

그동안 다음 주문 구워 둬야지

응~

발송하고 올게

주문이 들어오면 제조한다

어느 정도 주문이 들어오면 많이 만든다

할아버지의 용어 설명

인터넷 쇼핑몰은 자본이나 인원이 적은, 지호와 도희 같은 개인에게는 장점이 많은 판매 방법이지. 우선은 기존의 쇼핑몰에서 매출을 올리고 그 돈으로 자사의 인터넷 쇼핑몰을 만들어 고객에게 직접 판매하자꾸나.

STAGE 1

린 스타트업
개선 사이클을 빠르게 돌리자

와, 일이 잘 풀려서 무서울 정도야~ 이대로면
업계 최고가 되는 것도 쉽지 않을까?

언니, 고객이 상품 종류가 적다는 후기를 썼어.

엇, 그럼 늘려야지!

아보카도, 커피,
두유, 콩비지 중에
어떤 게 좋을까?

상품의 개선에는 제조 ·
측정 · 학습이라는
사이클이 있는데
이걸 재빨리 돌리는 것을
린 스타트업이라고
한단다

제조

언니도 좀
도와줘

요청이나 불만을 수용해
시제품을 만든다

제조

학습

측정

언니, 개선 사이클은
최대한 단기간에
빨리 돌려야 해!

NEXT

**세 가지 사이클을
빠르게 돌린다**

콩비지가 제일
인기 많네~

측정

학습

조금 더
바삭했으면
좋겠나 봐

재료의 비율을
바꿔 볼까?

**시제품을 투입해
고객의 반응을 본다**

**고객의 반응을 통해
다음 개선점을 생각한다**

할아버지의 용어 설명

이제 막 시작한 사업에서는 개선에 시간이 걸리면 고객도 떠나 버린
단다. 가능한 한 빨리 밑천을 많이 들이지 않고 개선한 것을 고객에
게 제공하고, 그 반응을 통해 새로운 개선점으로 이어나가야 해. 이게
린 스타트업의 중요한 포인트지.

STAGE 1

이노베이터 이론

상품이 유행을 타기까지

주문이 늘어서 많이 바빠졌어~
잠시 주문 그만 받을까?

지호야, 여기서 게으름 피우면 너무 아깝잖니.
이제 겨우 이노베이터 이론에서 말하는 이노베이터를
잡은 참인데!

새로운 것에
민감한 사람부터
둔감한 사람까지
고객을 다섯 가지
유형으로 분류한
이론이지

후기 다수 사용자(Late Majority)
다른 사람들이 쓰기 때문에
쓰는 사람

지각 수용자
(Laggards)
새로운 것을
싫어하는 사람

선각 수용자(Early Adopters)
유행에 민감하지만
정보를 수집해서
판단하는 사람

주세요~

맛있을까?

이노베이터
(Innovator, 혁신 수용자)
새로운 것에 달려드는 사람

전기 다수 사용자
(Early Majority)
산 사람을 보고 따르는 사람

고객의 타입을 확인한다

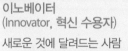

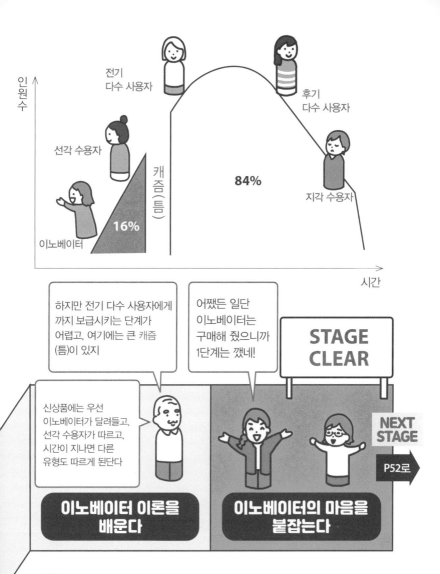

인원수

전기
다수 사용자

후기
다수 사용자

선각 수용자

캐즘(틈)

84%

16%

지각 수용자

이노베이터

시간

하지만 전기 다수 사용자에게까지 보급시키는 단계가 어렵고, 여기에는 큰 캐즘(틈)이 있지

어쨌든 일단 이노베이터는 구매해 줬으니까 1단계는 깼네!

STAGE CLEAR

신상품에는 우선 이노베이터가 달려들고, 선각 수용자가 따르고, 시간이 지나면 다른 유형도 따르게 된단다

NEXT STAGE

P52로

이노베이터 이론을 배운다

이노베이터의 마음을 붙잡는다

할아버지의 용어 설명

상품이 팔렸다고 해도 아직은 이노베이터가 사주는 것일뿐이야. 선각 수용자에게 전달하고 캐즘(Chasm)을 넘어서기 위해서는 조금 더 본격적인 마케팅과 홍보가 필요하단다. 다음 스테이지에서는 그걸 배우고 실천해 보자.

학교 이외의 시간은 전부 쏟아부은 덕분에 지호와 도희의 과자는 순조롭게 잘 팔렸다.

 주문도 끊이지 않고 사 준 사람들 평판도 좋고, 이대로 가면 금방 대기업이 되는 거 아냐?

그렇게 만만한 일이 아니야. 금방 신나서 떠드는 게 지호의 나쁜 버릇이지.

 그렇네.
비슷한 쿠키를 대기업이 낼지도 모르고…….

 헉, 그러면 큰일이잖아!
할아버지, 어떡해요!

허허, 일단 경쟁사와 더욱 차별을 둬서 더 많은 고객을 확보하기 위해 마케팅과 홍보에 힘 쓰자.

이렇게 둘은 더욱 많은 고객을 확보하기 위해 본격적인 마케팅에 임하기 시작했다.

지호와 도희는 할아버지의 가게에서
마케팅에 관해 의논하고 있다.

마케팅을 따로 더 하지 않아도 고객에 대한
연구는 항상 하고 있다고 생각했는데.

용돈벌이용 사업이라면 몰라도 정말로 사업을
키우고 싶다면 더 잘 생각해야지.

그렇네! TV나 잡지에 광고 많이 내서
고객을 확보하자!

바로 거기까지는 불가능하겠지만,
그런 홍보도 포함해서 가르쳐 줄 거야.

STAGE 2

마케팅 전략

마케팅의 흐름을 살펴 보자

마케팅 진행 방법은 5단계란다.
리서치, 타깃 특정, 마케팅 믹스, 목표 설정 및 실시,
모니터링 관리까지 이렇게 다섯 가지지.

왠지 어려울 것 같아요……

그렇게 어렵지는 않아.
이미 너희가 하고 있는 것도 포함되거든.

마케팅 전략의
5단계를 살펴보자

크로스 SWOT 분석	PEST 분석
(P40)	(P38)

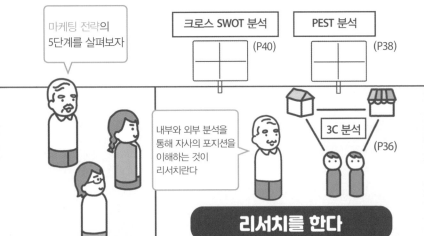

내부와 외부 분석을
통해 자사의 포지션을
이해하는 것이
리서치란다

3C 분석

(P36)

리서치를 한다

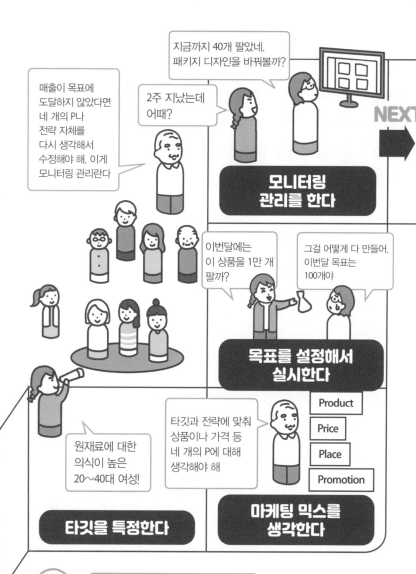

지금까지 40개 팔았네. 패키지 디자인을 바꿔볼까?

2주 지났는데 어때?

매출이 목표에 도달하지 않았다면 네 개의 P나 전략 자체를 다시 생각해서 수정해야 해. 이게 모니터링 관리란다

NEXT

모니터링 관리를 한다

이번달에는 이 상품을 1만 개 팔까?

그걸 어떻게 다 만들어. 이번달 목표는 100개야

목표를 설정해서 실시한다

타깃과 전략에 맞춰 상품이나 가격 등 네 개의 P에 대해 생각해야 해

| Product |
| Price |
| Place |
| Promotion |

원재료에 대한 의식이 높은 20~40대 여성!

타깃을 특정한다

마케팅 믹스를 생각한다

 할아버지의 용어 설명

마케팅 전략은 '누구에게, 무엇을, 어디서, 얼마에, 어떻게 팔지'를 분명히 하는 것이 중요하지. 그걸 확실히 하기 위해 리서치, 타깃 특정, 마케팅 믹스, 목표 설정 및 실시, 모니터링 관리까지 다섯 단계가 있는 거란다.

타깃 특정(STP)

고객층을 좁히자

자, 그럼 처음부터 가 볼까. 리서치는
끝났다고 치고 다음은 타깃 특정이란다.

이것도 마케팅 전략처럼 순서가 있어요?

맞아. 타깃 특정은 세 단계란다.
시장 세분화(Segmentation), 타깃 설정(Targeting),
제품의 위치 잡기(Positioning)지.

여성   20~40대

이 세 단계는 세 개의
영어 단어 앞글자를
따서 STP라고
불린단다

건강 우선

다양한 방법으로
고객을
분류하는구나

인터넷 쇼핑몰 선호

시장 세분화를 한다

제품의 위치 지도

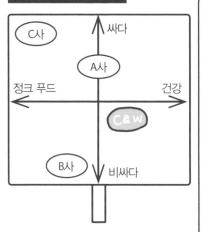

C사
A사
C&W
B사

싸다
비싸다
정크 푸드
건강

NEXT

업계를 두 개의 축으로 나누고 거기에 자사와 경쟁사를 배치해서 생각하면 위치를 알 수 있네요

C&W 쿠키는 동물성 재료를 안 썼는데도 맛있어!

제품의 위치를 잡고 차별화를 명확히 한다

먼저 분류한 다음 그 안에서 타깃을 정하는 거였네

20~40대
건강
여성
인터넷 쇼핑몰

너무 좁혀서 타깃을 작게 만들어도 안 돼

타깃을 설정한다

 할아버지의 용어 설명

시장 세분화는 자사에 의미 있는 분류 방법을 생각하는 것, 타깃 설정은 해당 타깃에 어떤 접근법이 효과적일지 생각하는 것, 제품의 위치 잡기는 고객이 우리 상품을 어떻게 생각하기를 바라는지 생각하는 것이 중요하단다.

STAGE 2

마케팅 믹스

타깃에 맞춘 구체적인 대책

다음은 마케팅 믹스인데, 그게 뭐예요?

타깃과 제품의 위치에 맞춘 구체적인 대책을
말한다. 무엇을, 얼마에, 어디서, 어떻게 팔지
조합해서 생각하는 거지.

Product(제품),
Price(가격),
Place(유통),
Promotion(프로모션)
까지 네 가지 요소의
앞글자를 따서
4P라고 한단다

Product

제품의 품질 및
서비스, 포장 등

Price

가격이나 할인 등

Place

유통, 수송 등

Promotion

판매 촉진, 홍보, 광고 등

4P 내용을 확인한다

블로그나 SNS에서도 꾸준히 홍보해야겠네. 건강이나 맛집 관련 인터넷 기사에 소개해 달라고 부탁해 볼까?

타깃에 가장 효과적인 조합을 생각하는 것이 중요하단다

NEXT

Promotion을 생각한다

네 가지를 조합해서 반영한다

우리는 기존 인터넷 쇼핑몰을 이용하니까 상품을 배송 업체에 부탁할 수밖에 없어

Place를 생각한다

동물성 재료를 안 썼는데도 맛있어!

포장도 단순하면서도 세련된 느낌으로 바꾸자

가격도 무조건 싸다고 좋은 게 아니니까 타깃에 맞춰야 한단다. 조금 이따가 자세히 설명해줄게 (P66)

Product를 생각한다

Price를 생각한다

할아버지의 용어 설명

이제 막 시작한 사업이라서 선택지가 적더라도 여러 방면으로 생각하고 조합해 보는 것이 중요하단다. 그리고 마케팅 믹스는 반드시 STP를 한 다음에 해야 해. 타깃에 따라 4P도 달라지니까 말이다.

STAGE 2

마케팅 1.0~4.0
시대와 함께 변하는 마케팅

자, 그럼 현대의 마케팅에 관해 알려 줄까?

네? 역사 이야기 하시려고요? 안 하셔도 돼요~

거참, 그러지 말고. 시대에 따라 필요로 하는
마케팅도 달라지거든.

한 상자에 1,000원!
맛있는 쿠키 드세요!

마케팅도 시대에 따라
바뀌어서 마케팅 1.0에서
4.0까지 4단계가 있지

살래요

**싸고 좋은 상품을
대량으로 만들어 대중에게 판다
(마케팅 1.0)**

C&W의 마케팅은 3.0까지 왔으니까 4.0을 의식해서 하자는 거죠?

나는 비건이야

날 센스 있다고 생각했으면 좋겠어

NEXT →

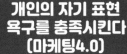

개인의 자기 표현 욕구를 충족시킨다 (마케팅4.0)

알레르기가 있는 아이를 배려한 재료, 공정 무역 원료

환경 문제나 사회의 과제 해결을 반영한다 (마케팅3.0)

고객님의 의견을 듣고 다양한 맛의 쿠키를 만들었습니다!

내가 원했던 건포도 쿠키도 있어~

제품이 많아지면 고객의 취향도 세분화되는구나

고객의 반응을 파악해 반영한다 (마케팅2.0)

 할아버지의 용어 설명

상품이 너무 많으면 내용물이나 성능의 차이를 쉽게 알 수 없단다. (P124 상품화 참고) 고객이 내용물만으로 상품을 선택하지 않게 되면 한층 더 높은 수준의 욕구, 가령 사회와의 관계나 자기 표현 욕구에 응할 필요가 생기는 법이지.

STAGE 2

베네핏과 고객 만족

고객 만족을 얻으려면?

구매해 준 고객 중에 불만이었다는 후기를 남긴 사람도 있어요.

도희야, 사실 고객은 쿠키를 사는 게 아니란다. 쿠키를 통해 베네핏을 사는 거지.

베네핏이요?

간편하고 맛있다

몸에 좋다

자신의 가치관과 사상을 드러낼 수 있다

베네핏이란 고객이 상품을 통해 얻는 이익을 말한단다

고객의 베네핏을 이해한다

500원 인상하지만 원재료는 국산만, 배송비 무료!

가격=올린다
베네핏=크게 높인다

가격은 그대로 저칼로리 글루텐 프리 쿠키 출시!

가격=동일
베네핏=높인다

주문 후 24시간 이내 발송 이벤트! 지금 사시면 비건 초콜릿 한 개도 사은품으로!

가격=내린다
베네핏=높인다

모양이 안 예쁘게 나온 쿠키를 반값에!

가격=크게 내린다
베네핏=낮춘다

매번 주문할 필요 없이! 한 달 정기 주문도 받습니다!

가격=내린다
베네핏=동일

베네핏을 올리는 것에도 가격, 맛, 원재료 바꾸기 등 여러 가지가 있네

가격을 내리는 것도 가격 자체가 아니라 손님의 수고나 시간을 절약하는 것도 생각할 수 있어

NEXT

고객의 베네핏이 가격을 상회하는 다섯 가지 유형을 알아본다

 할아버지의 용어 설명

상품이 고객에게 어떤 이익을 줄지를 명확히 하는 거란다. 그 이익에서 가격을 빼고도 고객에게 가치가 남으면 만족스럽게 구매하는 거지. 이 만족을 고객 만족(CS=Customer Satisfaction)이라고 한단다.

STAGE 2

기대 불일치 이론

고객 만족이 발생하는 구조

고객만족(CS)에 대해 좀 더 생각해 보자.
'산 과자가 생각보다 훨씬 맛있었어!'
이때 고객 만족은 높다고 할 수 있지.

'생각보다'가 포인트 같네요.

비건 과자 중에는
맛있는 게 없잖아

대만족!

이 쿠키 진짜 맛있어!

사전 예상과
실제로 고객이 느낀
가치의 편차를 두고
기대 불일치 이론
이라고 한단다

실제로 느낀   사전 예측   고객 만족
가치(P)   가치(E)   (CS)

P에서 E를 뺀 값이
플러스면 고객은
만족한다는 얘기네!

기대 불일치 이론의 식을 알아본다

두 가지 기능이 고객의 기대와 일치했을 때 비로소 구매가 이루어지는 거네요

NEXT

아무리 표층 기능에 충실하더라도 맛이 없으면 아무도 사지 않겠지

칼로리와 단맛을 낮춰서 건강한 과자

비건을 위한 과자

C & W

표층 기능이란?

상품은 본질 기능과 표층 기능이라는 두 가지 기능을 갖고 있다고들 하지

본질 기능은 과자의 본질이니까 '맛'밖에 없잖아요!

본질 기능이란?

할아버지의 용어 설명

고객 만족을 얻으려고 무작정 상품 가치를 올리거나 표층 기능을 늘리기만 하면 되는 게 아니란다. 상품 가치와 기대 수준을 제대로 파악해서 해당 고객을 대상으로 하는 마케팅과 홍보를 하는 게 중요하지.

STAGE 2

가격 결정

상품의 가격을 생각해 보자

그냥 한 봉지 4,000원에 팔았는데 고객이 상품에 만족하는 데는 여러 요소가 작용하는군요.

맞아. 그 중에서도 가격 결정(pricing)은 사업할 때 꽤 중요한 포인트란다.

열렬한 팬이 있고 주문도 늘고 있으니 수요는 있는데…

좋은 원료를 고집하니까 상품 하나의 이익은 적고…

수요

가격을 결정하려면 상품의 가격, 수요, 소요된 비용 등을 생각해야 한단다

경쟁사의 가격

상품의 비용

가격을 결정하는 요소를 확인한다

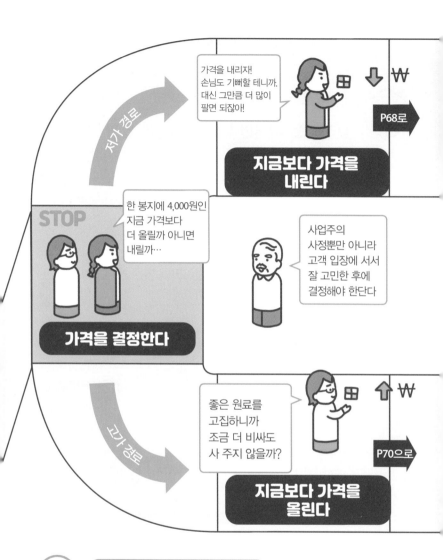

P68로

가격을 내리자! 손님도 기뻐할 테니까. 대신 그만큼 더 많이 팔면 되잖아!

지금보다 가격을 내린다

한 봉지에 4,000원인 지금 가격보다 더 올릴까 아니면 내릴까…

STOP

사업주의 사정뿐만 아니라 고객 입장에 서서 잘 고민한 후에 결정해야 한단다

가격을 결정한다

좋은 원료를 고집하니까 조금 더 비싸도 사 주지 않을까?

지금보다 가격을 올린다

P70으로

할아버지의 용어 설명

가격을 어느 정도로 할지는 중요한 문제란다. 수요나 상품 비용 외에 도 고객이 이 상품을 살 때의 심리, 지역 같은 것도 관련이 있으니까. 그나저나 너희들의 쿠키는 어느 쪽이 좋을지…….

STAGE 2

가격 내리기

가격을 내리면 무슨 일이 일어날까?

도희야, 한 봉지에 2,000원으로 내렸으니까 주문 많이 들어올 거야!

갑자기 반값이라니 남는 게 거의 없잖아……

주문이 평소보다 다섯 배나 많이 들어왔어!

가격을 내리는 것은 당연히 고객 증가로 이어지지. 하지만…

일단 발송 지연 연락 할 테니 얼른 만들어!

으아, 만들어도 만들어도 끝이 없어…

주문이 대량으로 들어온다

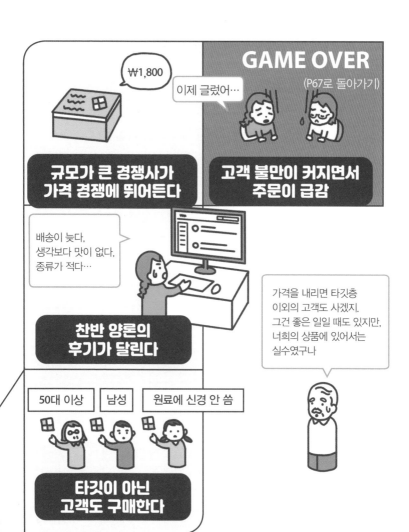

₩1,800

이제 글렀어…

GAME OVER

(P67로 돌아가기)

규모가 큰 경쟁사가 가격 경쟁에 뛰어든다

고객 불만이 커지면서 주문이 급감

배송이 늦다, 생각보다 맛이 없다, 종류가 적다…

찬반 양론의 후기가 달린다

가격을 내리면 타깃층 이외의 고객도 사겠지. 그건 좋은 일일 때도 있지만, 너희의 상품에 있어서는 실수였구나

| 50대 이상 | 남성 | 원료에 신경 안 씀 |

타깃이 아닌 고객도 구매한다

 할아버지의 용어 설명

물론 가격을 내리는 것이 다 나쁘다는 뜻은 아니란다. 하지만 대량 주문이 들어오거나, 타깃층 이외의 고객이 구매함으로써 분쟁이 생기거나, 경쟁사가 가격 경쟁에 뛰어들 수도 있기에 가격 인하는 대기업만 취할 수 있는 전략이지.

가격 올리기

가격을 올리면 무슨 일이 일어날까?

언니, 한 봉지에 5,000원으로 하자.

흠, 가격 올리면 안 팔릴 것 같지 않아?

응. 그러니까 우리의 이념과 고집을 더욱 잘 설명하고, 앞으로 원료에 더욱 신경 써서 선물용 상품을 만들자. 또 가격이 좀 나가는 신상품도 생각해 보고.

가격을 올리면 확실히 손님은 줄겠지만…

이념과 원료 설명을 열심히 했는데도 매출이 이번 달에 20%나 줄었어!

조급해 하지 마, 언니. 단가를 올렸으니 그렇게까지 손해를 보지는 않을 거야

손님이 떠난다

가격을 올림으로써 고객층을 좁힐 수 있지. 상품의 가치를 확실히 인식하고 타깃에 어필할 수 있었던 점이 성공의 원인 아닐까?

전보다 손님도 많아졌어!

NEXT

매출도 이익도 크게 오른다

일반용도 있네, 사 보자

새로운 고객이 늘어난다

지금 사 주시는 고객들은 우리의 진정한 팬이야. 이분들에게 선물용 신상품을 추천해 보자!

식물성 재료로만 만들었는데도 맛있더라고

어머, 알레르기에도 신경 썼다니 좋네

계속 구매하는 층에 가격이 비싼 신상품을 제안한다

할아버지의 용어 설명

가격을 내릴 때와 마찬가지로 올리는 게 무조건 좋은 건 아니란다. 하지만 상품의 가격이 비싸기에 가치가 있다고 여기는 면도 있지. 그 가치에 신뢰성을 주는 근거를 증명해 나갈 필요가 있단다.

고객 충성도 마케팅

단골손님을 만드는 방법

가격을 올려봐서 알았겠지만
너희 두 사람의 과자에는 이미 열렬한 팬이 있단다.

맞아요.
비싸도 사 준 고객님의 의견에는 상품에 대한 신뢰와
이념에 대한 공감이 있었어요.

음, 그 고객들과의 유대를 한층 더 견고하게 만들어
단골손님이 되도록 하는 고객 충성도 마케팅을
시작하자꾸나.

재구매율
향상

객단가
증가

입소문을
통한 확산

고객 충성도란
상품이나 기업에 대한
고객의 애착을 말하지.
이것을 올리면
뭐가 좋아질까?

맛있었으니까
다음 주에도
주문할까

어머, 새
상품이 나왔네.
이것도
주문해야지

친구에게도
알려 줘야겠다

C & W

고객 충성도를 높이는 것의 장점을 알아본다

우리 가게 팬의 친구라면 비슷한 성향의 고객일 확률이 높아. 그래서 팬이 될 가능성도 큰 거야!

이 집 쿠키, 식물성 재료만 쓰는데 맛있어

어머, 맛있다. 나도 살까봐

NEXT

고객의 신뢰가 높아져 입소문이 퍼진다

한 달에 50,000원 이상 구매하신 고객님은 문자로 답장 주시면 살 수 있어요!

일부 고객에게 신상품을 먼저 출시한다

고객 충성도 향상을 위해 우선 대상 고객에게 쿠폰을나눠 주자

−1,000

쿠키 자주 주문했더니 신상품도 덤으로 주셨어. 후기 써야지!

쿠폰을 제공한다

신제품을 시험 삼아 제공한다

 할아버지의 용어 설명

이외에도 단골손님이 되면 광고를 하지 않아도 구매해 준다는 장점이 있단다. 그리고 할인이나 쿠폰 같은 즉각적인 것뿐만 아니라 디자인이나 기업의 이념, 자세 등으로 더욱 사로잡는 방법도 있지.

STAGE 2

라이프 스타일 마케팅

고객의 삶의 방식에 주목하자

고객을 분류하는 방법으로
생활방식이나 취미에 주목하는 것도 있단다.

상품에 주목해서 비건 과자를 떠올렸는데,
고객층에 먼저 접근하는 방법도 있군요.

여성의 사회 진출로 밤에
빨래하고 싶은 사람이 늘어나면…

야간 세탁용 세제와
저소음 세탁기가 있으면
밤에도 빨래할 수 있어

개인의 삶의 방식에
주목해서 마케팅하는
방법을 라이프 스타일
마케팅이라고 하지

라이프 스타일이
다양해진 현대 사회에는
각각에 맞춘 마케팅이
필요하구나

라이프 스타일 마케팅이란?

AIO 분석

Activities, Interest, Opinions의 앞글자를 딴 것으로 활동, 관심, 의견의 세 가지 측면으로 고객을 분류한다.

Activities(활동)

직업, 취미, 레저 등

좁히면

커리어 우먼, 자녀가 있는 여성, 식품 웹 서핑을 즐기는 사람 등

Interest(관심)

가족, 패션, 식사 등

좁히면

가족, 자녀의 식사나 건강, 비싸도 좋은 것 등

Opinions(의견)

사회적 문제, 정치, 경제 등

좁히면

환경 문제, 동물 애호, 식품업계 등에 대한 관심

우리 손님들로만 국한해도 여러 가지로 생각할 수 있겠네

이렇게 분류하면 전혀 생각지 못했던 고객층이 보일 수도 있겠다

NEXT

AIO 분석이란?

할아버지의 용어 설명

지호와 도희는 차별화를 생각하다 보니 비건 과자로 결정했지만, 고객의 라이프 스타일에 주목하는 것도 잊지 말아야 한단다. 어떤 라이프 스타일을 가진 사람들이 우리 상품을 좋아하고 구매하는지 파악해야 해.

STAGE 2

대상별 마케팅

누구를 대상으로 마케팅 할 것인가?

고객 충성도를 높이기 위해 할인 쿠폰을 나눠 줄까?

언니, 이왕이면 비싼 가격에 사준 것에 대한
감사도 표할 겸 한 건 한 건 그 사람에게
맞는 할인을 해 주는 건 어떨까?

다수인가,
한 사람 한 사람인가.
대상 규모가 다른
마케팅을 가리킨다.
각각 매스 마케팅,
원투원 마케팅이라고
불리지

매스 마케팅

고객 전원을 대상으로 삼는다

원투원 마케팅

고객 한 사람 한 사람을 대상으로 삼는다

매스 마케팅과 원투원 마케팅의 차이를 알아본다

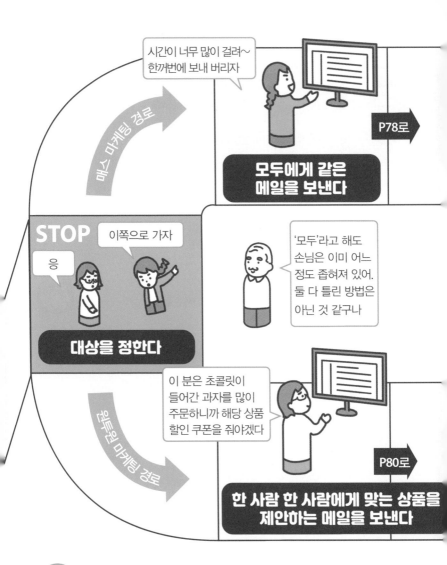

P78로

P80로

 할아버지의 용어 설명

매스 마케팅은 고객 모두에게 홍보하는 방법이란다. 원투원 마케팅은 수고와 시간은 더 걸리지만 고객 개인에게 맞춰 홍보하는 방법이지. 너희들의 상품은 과연 어느 쪽이 맞을까?

STAGE 2

매스 마케팅
다수의 고객을 상대로 하자

고객님들 반응이 좋았어!

그렇구나~ 언니가 맞았네!
그만큼 신제품도 개발할 수 있었고!

기분이 좋아진 지호는
더욱 많은 고객들에게
알리고 싶어하는 것
같은데…

그래, 이 잡지에
실릴 수는 없을까?

**더 많은 사람에게
알릴 방법을 생각한다**

GAME OVER

(P76으로 돌아가기)

전에도
이러지 않았나?

아무 말 말아줘…

주문이 폭주한다

체제가 무너진다

C&W 사장님 과자가
정말 맛있어 보여요!
취재하고 싶습니다!

잡지에 실린다

됐다!

**보도 자료를
만들어서
출판사에 보낸다**

보도 자료를
보낸다고 해서
반드시 실리는 것은
아니란다.
기업과 언론의
상성이나 타이밍 등을
고려하는 것도 중요해

할아버지의 용어 설명

TV나 잡지, 신문 등 매스 미디어에서 소개되는 건 매우 많은 고객을 불러들일 기회이기도 하지. 그렇지만 가격을 내릴 때(P68)와 비슷한 문제점이 발생하게 돼. 그러니 사업 규모에 맞는 마케팅이 필요하단다.

STAGE 2

원투원 마케팅

고객 한 사람 한 사람에게 맞추자

어떤 고객이 어떤 제품을 샀는지
정리하는 건 보통 일이 아니네~

힘내! 내가 손님이라면 개별 대응해 주는 게
정말 기쁠 거야!

고객의 구매 이력을
보고 거기에 맞춰서
할인이나 상품을
제안하는 거지.
그건 그렇고…

거주지는 도쿄, 24세,
회사원, 구매 제품은…
아, 너무 힘들어~

고객의 개인 데이터를
관리한다

너희 사업은 고객이 그리 많지 않으니 기존 인력으로도 가능했지만, 그래도 엄청난 시간과 수고가 든단다. 원래라면 데이터 관리 시스템을 이용해야 해

힘들긴 해도 하길 잘했지?

응. 근데 다음에는 외주로 맡길 수 있는 서비스를 찾아보자

NEXT

C & W

고객과 유대가 강해져서 매출이 상승한다

요새 C&W 너무 좋은 것 같아. 가려운 곳을 긁어 준다고나 할까?

고객 만족도(CS)가 올라간다

술이 들어간 쿠키를 좋아하시죠? 신제품인 럼 건포도 쿠키는 어떠세요?

좋다~ 살까?

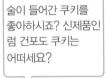

다음 달이 생일인 사람이 좋아하는 제품을 30% 할인해 주는 쿠폰을 보내자

6월

-1,000

그 데이터를 이용해서 고객의 취향에 맞춰 제안한다

생일인 고객에게 쿠폰을 증정한다

할아버지의 용어 설명

원투원 마케팅은 실제로 한 사람 한 사람 대응하는 것이 아니라 고객이 '나에게 맞는 대응을 해 주고 있구나'하고 느끼는 게 중요하단다. 고객 데이터를 이용한 자동 추천 시스템 같은 게 좋은 예지.

STAGE 2
콘텐츠 마케팅
상품 이외의 부분에서 팬을 만들자

도희야, 동영상으로 홍보하는 건 어때?
유튜버가 되는 거야, 유튜버!

언니는 유행에 금방 휘둘려…….

아니, 할아버지도 동영상 찬성이다!
제품 구매 고객 외에도 팬을 늘리자꾸나!

쿠키
만들 거예요!

사업이나 기업을
어필하는 콘텐츠를
통해 팬을 얻는 것을
콘텐츠 마케팅이라고
하지!

그러게. 만드는 장면을
보여주는 것도
재미있겠다

동영상, 블로그 등

재밌다!

콘텐츠 마케팅이란?

물론 직접 찍어서 편집해도 좋겠지만 너무 퀄리티가 낮은 동영상이라면 모처럼 쌓은 브랜드 이미지도 무너지겠지. 이럴 땐 프로에게 맡기는 게 정답이란다.

재생 횟수가 늘고 있어!

NEXT

자사 웹 사이트에 콘텐츠를 올린다

 Web 디자이너

동영상 편집 | 촬영

전문가에게 외주를 맡겨 콘텐츠를 작성한다

근데 이상한 거 올리면 또 타깃이 아닌 손님이 올 거 같아

그럼, 원료 생산자를 만나러 가서 이야기를 들어 보는 건 어때?

자신들의 사업에 맞는 콘텐츠를 생각한다

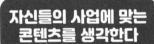

 할아버지의 용어 설명

콘텐츠 마케팅은 내용은 물론이고 동영상이나 블로그 등 공개하는 방법도 자신들의 사업과 타깃에 맞는지 잘 생각하는 것이 중요하단 다. 그게 안 맞으면 오히려 역효과가 나거든.

STAGE 2

SEO

검색 결과 상위에 노출되려면?

드디어 C&W 사이트가 생겼어! 이제 다른 홈페이지를
통하지 않고도 직접 구매할 수 있어!

그뿐 아니라 동영상 콘텐츠나 블로그를 통해
우리의 고집도 전달되고, 세계관도 표현할 수 있어!

하지만 그것도 검색으로 나오지 않으면 의미가 없단다.
그러기 위한 SEO 대책이 필요하지.

SEO란
Search Engine Optimization
(검색 엔진 최적화)의 약자로,
SEO 대책이란 간단히 말하면
검색 결과에서 상위에 나오게
하려는 노력이지

이런 단어로
검색하는 고객은
상품이나 회사에 관심이
있는 사람이란다. 그러니
구매 가능성도 높지

비건

C&W

쿠키

**검색 상위에 노출되는 것의
장점을 알아본다**

사이트나 페이지를 읽힌 횟수를 PV(페이지 뷰)라는 단위로 나타낸다. PV가 많으면 그만큼 많은 사람이 봤다는 얘기지

PV가 늘고 있어!

C&W

NEXT

검색 상위에 노출된다

키워드를 포함한 페이지 제목

콘텐츠 양과 질의 적절화

페이지가 읽히는 속도를 올린다

외부 사이트에서 들어오는 링크

잘 부탁드립니다

전문가에게 의뢰한다

큰일이다. 전혀 모르겠어…

포기~

SEO 대책의 기본을 배운다

할아버지의 용어 설명

주의해야 할 점은 SEO대책을 세우고 상위에 노출되더라도 사이트의 PV 수가 올랐을 뿐이라는 거지. 사이트에 방문한 사람이 해 줬으면 하는 최종 목표를 컨버전이라고 하는데 그 컨버전 비율을 올리는 게 중요하단다.

트리플 미디어

미디어의 차이를 이해하자

매스 마케팅도 공부해 둘까?

네, 신문이나 TV, 대중 마케팅 말이죠?

맞아. 앞으로 사업이 커지면 그런 큰 미디어의 힘도 빌려야 하니까.

C&W 비건 쿠키 입니다~

뭐야, 뭐야

그러려면 미디어의 역할과 세 종류의 미디어, 트리플 미디어를 이해해야 한단다

미디어

우리를 세상에 알려 주는 것

미디어의 역할은 확산이다

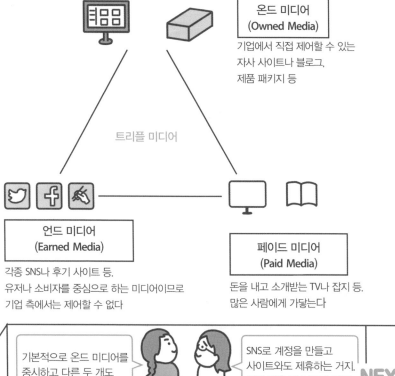

온드 미디어
(Owned Media)

기업에서 직접 제어할 수 있는
자사 사이트나 블로그,
제품 패키지 등

트리플 미디어

언드 미디어
(Earned Media)

각종 SNS나 후기 사이트 등.
유저나 소비자를 중심으로 하는 미디어이므로
기업 측에서는 제어할 수 없다

페이드 미디어
(Paid Media)

돈을 내고 소개받는 TV나 잡지 등.
많은 사람에게 가닿는다

기본적으로 온드 미디어를
중시하고 다른 두 개도
조합해 가는 느낌이네

SNS로 계정을 만들고
사이트와도 제휴하는 거지.
잡지 같은 데 나오게 되면
그 둘로 알리는
느낌인 것 같아

트리플 미디어를 이해한다

 할아버지의 용어 설명

이 세 미디어를 연계한 홍보는 이제 당연한 전략이 되었지. 하지만 사
업 규모에 맞게 진행하지 않으면 또 제조 체제에 한계가 오니까 균형
을 생각하면서 진행해야 한단다.

STAGE 2

다양한 광고

인터넷을 통해 홍보하려면?

너희가 항상 사용하는 스마트폰에도 다양한 광고가 사용되고 있단다. 참고해 보면 어떨까?

엇, 그래요? 가르쳐 주세요, 할아버지!

수많은 사람들이 인터넷에서 정보를 얻는 요즘 시대에는 다양한 광고가 있지

궁금한 것을 검색하면 그 말과 관련해서 나오는 광고구나

비건

리스팅 광고란?

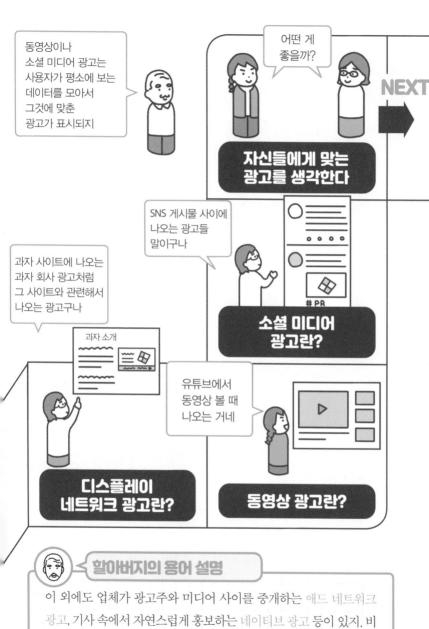

동영상이나 소셜 미디어 광고는 사용자가 평소에 보는 데이터를 모아서 그것에 맞춘 광고가 표시되지

어떤 게 좋을까?

NEXT

자신들에게 맞는 광고를 생각한다

SNS 게시물 사이에 나오는 광고들 말이구나

PR

소셜 미디어 광고란?

과자 사이트에 나오는 과자 회사 광고처럼 그 사이트와 관련해서 나오는 광고구나

과자 소개

유튜브에서 동영상 볼 때 나오는 거네

디스플레이 네트워크 광고란?

동영상 광고란?

할아버지의 용어 설명

이 외에도 업체가 광고주와 미디어 사이를 중개하는 애드 네트워크 광고, 기사 속에서 자연스럽게 홍보하는 네이티브 광고 등이 있지. 비용과 효과, 시장 규모나 브랜드 이미지 등을 의논해서 결정해야 한단다.

STAGE 2

SNS 마케팅

의도적으로 입소문을 퍼트리자

우리는 홈페이지에서만 살 수 있고,
SEO 대책도 세웠고, 인터넷 광고도 냈으니
SNS도 더 잘 활용하고 싶은데……

그렇다면 인터넷상에서 영향력 있는 계정으로
확산되는 SNS 마케팅이 괜찮을지도 모르겠구나.

인플루언서, 앰배서더,
옹호자 이렇게
세 종류를 살펴보자

인터넷상에서
영향력이 큰 사람이야!
연예인도 그렇지만
일반인이어도 영향력이 큰
사람은 많아!

인플루언서란?

금전이 아니라 상품을 보내서 '좋으면 후기 남겨 주세요!' 하는 방법이지. 제품 제공이라는 방법이야

소개해 줘서 또 매출 상승~

NEXT

더 많은 사람들에게 가닿는다

비건 분야에서 팔로워가 많은 인플루언서에게 우리 제품을 보내 볼까?

기업에서 돈을 받고 상품을 홍보하는 사람이구나

좋았다고 글 남길게요

누구에게 부탁할지 생각한다

영향력은 작지만 우리 상품의 열성팬을 말해

잘 부탁 드립니다

앰배서더란?

옹호자란?

할아버지의 용어 설명

그 밖에도 SNS 글 자체를 화제로 만들어 제품을 홍보하는 버즈 마케팅, 제품이나 공통 관심사의 커뮤니티를 만들어 그곳에서 화제가 되게 하는 커뮤니티 마케팅 등이 있지.

STAGE 2

DAGMAR 이론

고객의 인지 수준

우와~ 주문이 너무 많아서 만드는 속도가 따라잡질 못하고 있어요! 고객 모두 우리의 이념에 공감해 주는 분들 뿐이고, 마케팅도 홍보도 대성공이네요!

너희 둘 모두에게 할아버지가 충고 하나 하마.
매출만 오른다고 좋은 게 아니란다.
DAGMAR 이론을 기억해 두었으면 한다.

DAGMAR 이론이란 매출로 이어지기까지 고객의 인지 수준을 5단계로 나누고, 이를 하나씩 해결하는 것이 매출로 이어진다는 이론이란다

아, 그 쿠키 말이구나

인지

C&W 쿠키 알아요?

몰라요

무지

NEXT STAGE

P94 로

STAGE CLEAR

큰 폭의 매출 향상을 달성했다

살까?

먹고 싶다~

확신

원료에 신경 쓴 비건 과자 가게잖아~

이해

샀지롱!

사주기까지 단계가 있구나

우와!

행동

손님이 어느 단계에 있는지를 생각하고, 지금까지 배운 마케팅을 이용해서 다음 단계로 유도하는 것이 중요하지

할아버지의 용어 해설

매출을 올리는 것은 물론 중요한 목표지. 그것으로 연결하려면 '모르는 사람에게 알렸느냐, 상품을 이해 받았느냐, 사고 싶은 마음이 들게 했느냐, 진짜로 샀느냐'는 각 단계의 목표가 있단다.

마케팅과 홍보로 매출은 늘었지만 지호와 도희는 조금 지친 것 같다.

사업하랴, 학교 다니랴, 나도 언니도 지쳤어요.

외부의 힘도 빌리고 있지만
확실히 둘이서는 한계일지도 모르겠네.

하지만 모처럼 궤도에 올라왔는데
여기서 가게를 쉬는 건 싫어요!

일단 너희들은 손님과의 소통과 제조에만 전념하고
나머지는 외부 인력이나 아르바이트에 맡기자.

네, 그러면 많이 편해질 거예요!

다음 단계는 사람을 고용해 외부와 제휴해서
한층 더 사업을 키워 갈 거야.

이렇게 할아버지의 지원 아래 지호와 도희가 대학을 졸업할 때까지 C&W는 인기를 유지했다.

STAGE3
갈림길

대학을 졸업한 지호와 도희는 가벼운 마음으로
C&W 사업에 전념할 수 있게 되었다.

도희야, 졸업 축하해! 나는 먼저 졸업했지만.
드디어 우리 둘의 C&W가 시작되는구나!

도희야, 축하한다. 지호한테는 이미 얘기했는데
C&W를 법인화하려고 해.

법인화라면, 드디어 회사로 만든다는
얘기예요?

STAGE 3

법인화

회사로 만드는 것의 장점

할아버지, 회사로 만들면 어떤 점이 좋아요?

너희는 지금 개인 사업자라 가족이 운영하는
라멘집이랑 같은 거지. 그걸 회사로 만들면,
즉 법인화하면 여러모로 좋은 점이 있단다.

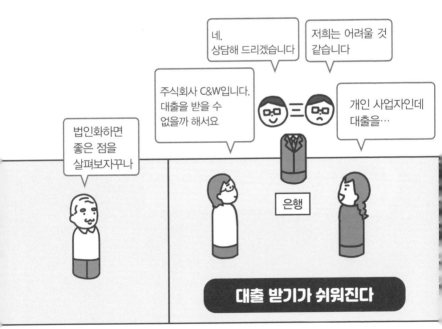

네.
상담해 드리겠습니다

저희는 어려울 것
같습니다

주식회사 C&W입니다.
대출을 받을 수
없을까 해서요

개인 사업자인데
대출을…

법인화하면
좋은 점을
살펴보자꾸나

은행

대출 받기가 쉬워진다

앞으로 규모를 점점 키우고 싶으니 법인화하자!

너희의 사업은 이제 둘만으로는 역부족이란다. 사람을 고용할 수도 있으니 법인화하는 게 좋지.

너희들 급여도 일반 직장인과 마찬가지로 공제를 받을 수 있어서 세금이 싸질 거야

법인화를 결정한다

회사니까 보험도 제대로 들어 줄 것 같아서 좋네

어엿한 '회사'군요. 검토하겠습니다

직원 채용이 용이하다

주식회사 C&W입니다. 저희랑 거래해 주세요.

개인 사업자라면 이익을 낼 때마다 세금을 내야 하지만, 법인은 일정한 상한에서 고정된단다

대외적인 신뢰도 커진다

절세할 수 있다

할아버지의 용어 설명

물론 규모에 따라서는 안 하는 편이 좋을 수도 있지. 결산에 관한 사무가 늘고, 급여는 미리 정해야 하니 적자라도 세금을 내야 하고, 등록에 어느 정도 돈이 드는 등의 단점이 있어. 매출과 체제를 고려해서 결정해야 한단다.

주식회사와 합자 회사
어떤 유형의 회사로 할 것인가?

할아버지, 법인화하면 무조건 주식회사가 되는 건가요? 다른 회사도 있지 않나요?

허허, 역시 도희구나. 주식회사가 아니라면 유한 회사나 합자 회사라고 불리는 걸 설립할 수 있단다. 여기서는 합자 회사를 살펴보자꾸나.

합자 회사
사원이 출자해서 설립. 출자한 금액의 비율에 따라 사내 지위 결정되는 편

합자 회사란 출자자와 사원이 동일한 회사를 말한다.
합자 회사의 사원은 유한 책임 사원과 무한 책임 사원으로 나뉘지

주식회사와 합자 회사는 어떻게 다른지 살펴보자꾸나

유한 책임 사원
회사가 부채를 졌을 때 출자한 만큼만 책임지면 된다

무한 책임 사원
회사가 부채를 졌을 때 출자한 금액 이상의 책임을 진다

합자 회사란?

주식을 세상에 공개해
사도록 하는 상장(P154)
에는 조건이 있단다.
일단 친족이나 거래처 등에
사달라고 하는 거지

C & W

NEXT

주식회사 설립

살게요!

출자자

주식 발행합니다!
주식 사서
출자하세요!

주식을
발행해서
우리 셋이
모든 주식을
사기로 하자

**주식을 발행해서
관계자끼리 산다**

C & W

주식회사

주식

주식회사는 주식을
제삼자에게 팔아서
자금을 모으는군요

주식회사란?

할아버지의 용어 설명

합자 회사는 제삼자로부터의 출자를 받지 않으므로 경영에 참견을
당하지 않는 장점이 있단다. 한편 주식회사는 제삼자로부터 출자 받
는 대신 정기적으로 주주 총회를 열어 결산 보고 등을 통해 회사의
경영 방침을 설명할 의무가 있지.

STAGE 3

수주 생산과 예측 생산

주문을 받고 만들기와 미리 만들어 놓기

그럼 회사 등록도 끝났으니
어서 시작하자~

지호야, 너무 서두르지 마렴.
일단 체제를 바꿔 보면 어떨까 생각하고 있단다.
수주 생산에서 예측 생산으로 바꾸는 거지.

주문 들어왔어!
초콜릿 쿠키
한 상자 만들어 줘!

주문 생산과
예측 생산의 차이를
잘 이해해 둬야 해

응! 초콜릿 쿠키
한 상자!

수주 생산이란?

너희는 고객이 많이 생겨서 꾸준히 주문이 들어오니까 예측 생산으로 전환해도 괜찮을 거야

괜찮을까?

마구 만들자!

NEXT

예측 생산으로 전환한다

대량 주문이 들어와도 만든 것을 발송만 하면 되니까 단시간에 매출 폭증!

하지만 예측이 틀리면 대량 재고를 떠안게 돼~

예측 생산의 장점과 단점

장점은 만든 제품은 무조건 팔린다는 점이지

단점은 대량 주문에는 바로 대응할 수 없다는 점이야~

주문이 들어오기 전에 미리 어느 정도의 양을 만들어 두자

주문 생산의 장점과 단점

예측 생산이란?

 할아버지의 용어 설명

사업의 성장을 위해서도 사람을 고용해 대량 주문을 처리할 수 있는 예측 생산으로 전환할 필요가 있단다. 다만 재고 리스크를 피하기 위해 주문이 자주 들어오는 제품은 예측 생산, 그 외에는 주문 생산으로 해서 리스크를 분산시키는 것도 중요해.

고정비와 변동비

실제 매장을 열어야 할까?

할아버지, 기술자랑 아르바이트생도 늘었으니
우리도 우리 가게가 필요할 것 같아요!

그렇구나. 아쉽게도 우리 주방에서 떠나야겠구나.
다만 그 전에 고정비와 변동비에 대해 알아 두자.

고정비	변동비
임대료	인건비
기계 대여료 등	원재료비 등

고정비와 변동비를 잘 이해하고 나서 실제 매장을 열지 말지 결정해야 한단다

고정비는 매달 같은 금액이 나가는 돈이구나

고정비와 변동비란?

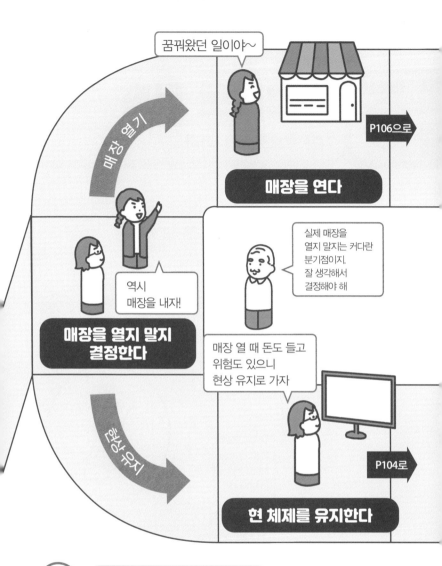

꿈꿔왔던 일이야~

매장을 연다

P106으로

매장 열기

역시 매장을 내자!

실제 매장을 열지 말지는 커다란 분기점이지. 잘 생각해서 결정해야 해

매장을 열지 말지 결정한다

매장 열 때 돈도 들고 위험도 있으니 현상 유지로 가자

현상 유지

현 체제를 유지한다

P104로

할아버지의 용어 설명

인터넷 쇼핑몰과 실제 매장에는 각각 장점이 있지. 자세한 제품 정보를 파악하고 비교, 검토하기 쉬운 인터넷 쇼핑몰과 그 자리에서 바로 살 수 있는 실제 매장. 그런데 실제 매장은 매출이 없어도 언제나 일정 금액이 나가는 고정비라는 리스크가 있단다. 그렇다면……

STAGE 3

쇼핑몰로 지속
작은 규모로 해 나가자

할아버지, 실제 매장을 열면 돈도 많이 들고
위험도 크니까 제조 장소만 빌리고
판매는 지금껏 하던 대로 할래요.

음, 그것도 하나의 선택이지.

일부 상품만
예측 생산하고
제조 전문 인력을
고용하자

매장을 여는
리스크를
감수하지 않으면
어떻게 될까?

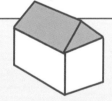

제조 장소만 빌리고
기술자를 고용한다

할아버지의 용어 설명

고정비 리스크를 부담하지 않고 현상 유지를 한 채로 사업을 키우는 것은 어렵단다. 하지만 그렇게 해서 관계자의 생활이 보장되고 자신들의 비전이나 미션도 실현된다면 스몰 비즈니스도 하나의 정답이겠지.

STAGE 3

실제 매장 열기

매장의 장점은?

할아버지, 역시 매장을 열래요!
그래서~

그래. 지금 너희들 자금으로는 부족하고,
법인화한 지 얼마 안 돼서 은행 대출도 어려워.
할아버지가 돈 빌려줄게.

기술자   판매 직원

인건비

임대료 · 내외장비

설비비

실제 매장을 여는 것을
꿈꾸는 사람은 많지만,
목돈 마련이 대전제지

돈이 꽤
많이 드네

실제 매장에 필요한 사람과
물건을 생각한다

매장이랑 쇼핑몰을 연동한 서비스도 가능하네~

원래 팬들뿐 아니라 가까운 지역 손님들도 와줘서 북적북적!

NEXT

줄을 선다

상품을 실제로 보고 고를 수 있는데다, 점원의 접객이나 시식 등의 서비스도 쇼핑몰에는 없었던 장점이지

인터넷에 공지하고 드디어 오픈!

홍보하고 매장을 연다

손님은 인터넷 쇼핑몰에서는 기본적으로 원하는 것만 사지만 매장에서는 살 생각이 없었던 것까지 사는구나

신제품 어떠세요?

맛있다! 주세요!

실제 매장의 장점을 알아본다

할아버지의 용어 설명

실제 매장은 인터넷 쇼핑몰만 운영할 때보다 할 수 있는 일이 많아지므로 브랜드 인지도도 높아진단다. 그만큼 가게를 여는 건 수많은 사람의 바람이지만 고정비 리스크가 동반되는 실제 매장을 정말로 열 필요가 있는지는 신중하게 고민해야 하지.

STAGE 3
공급 체인
전방 산업과 후방 산업

그럼 모처럼 매장도 생겼는데
상품이 만들어지기까지의 공정에
어떤 것이 있는지 다시 생각해 보자꾸나.

음, 만들어서 팔기만 하면 되는 일이 아니니까요.

원료

제조

판매

광고 · 선전

제조업에서는
원재료부터
고객의 손에 닿기까지
일련의 흐름을
공급 체인이라고 하지

원료 외에는
일단 우리 힘으로
하고 있어

상품에 관련된 요소를 이해한다

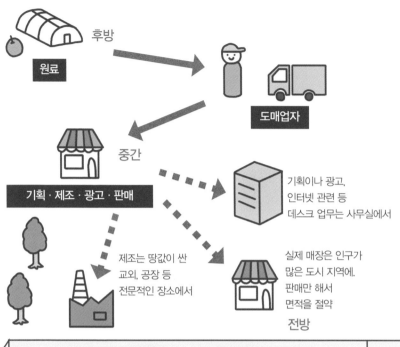

후방

원료

도매업자

중간

기획 · 제조 · 광고 · 판매

기획이나 광고,
인터넷 관련 등
데스크 업무는 사무실에서

제조는 땅값이 싼
교외, 공장 등
전문적인 장소에서

실제 매장은 인구가
많은 도시 지역에.
판매만 해서
면적을 절약

전방

언젠가 회사가
커지면 각각의
기능을 이전해서
최적으로 만들자!

아직 첫 매장을
냈을 뿐인데
너무 꿈이 커…

NEXT

자사의 공급 체인을 생각한다

 할아버지의 용어 설명

고객과 가까운 곳을 전방 산업, 원료 등 원산지와 가까운 곳을 후방
산업이라고 부른단다. 제조와 판매를 나누면 그 사이에 유통이 필요
해지는 것처럼 사업이 커질수록 관련된 회사는 늘어나지.

STAGE 3

손익분기점

상품의 매출과 들어간 비용

그런데 대기업이 되려면 돈 계산을 빼놓을 수 없지. 매출과 비용의 관계, 즉 손익분기점에 대해 생각해야 해.

손익분기점? 그게 뭐예요?

손익분기점을 생각하기 전에 먼저 매출과 비용의 관계에 대해 대강 알아보자

| 매출 | 비용 | 이익 |

매출은 상품이 팔려서 얻은 돈, 비용은 거기에 든 돈이구나

매출에서 비용을 뺀 게 이익인 거네

매출·비용·이익을 이해한다

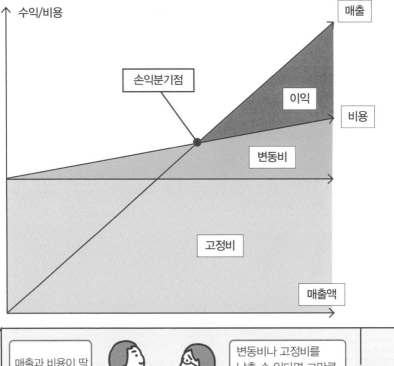

손익분기점을 이해한다

 할아버지의 용어 설명

실제 매장을 낼 때 생각해야 하는 것이 이 손익분기점이지. 매장을 내기 전에 매달 나가는 고정비와 변동비를 계산하고, 그것을 웃돌려면 매출을 얼마나 올려야 하는지 잘 검토해야 한단다.

STAGE 3

재무제표

경영의 성적표

자, 매장을 연 이상 손익분기점 뿐만 아니라
회사 전체의 경영 상태를 알 수 있는 재무제표에
대해서도 알아 두자.

왠지 어려워 보여요…….

괜찮아, 괜찮아.
손익을 이해한 너희라면 이해할 수 있어.

재무제표는
손익 계산서,
대차 대조표,
현금 흐름표까지
세 개란다

손익 계산서(P/L)

비용	수익
제조나 판매 등으로 들어간 돈	판매 매출 등 회사가 얻은 수입 
이익 수익에서 비용을 뺀 것	

이건 아까 나온
매출, 비용, 이익을
표로 만든 거네

손익 계산서란?

현금 흐름표(C/S)

영업CS	상품의 매매나 매입 등 본업의 수지. 플러스면 본업이 잘 되고 있다는 증거
투자CS	설비 등의 고정 자산이나 주식 등을 매매한 수지
재무CS	영업CS와 투자CS를 합해 부족한 만큼의 현금을 조달한 방법

대차 대조표(B/S)

자산	부채
회사가 가지고 있는 돈. 1년 이내에 현금화할 수 있는 유동 자산과 그 이상 장기 보유 설비 등의 고정 자산이 있다	회사가 갚아야 할 돈. 1년 이내의 단기 부채인 유동 부채와 그 이상의 장기 고정 부채가 있다
	순자산 설립 시 자본금 등

현금 흐름에 대해서는 다음에 좀 더 자세히 알아보자꾸나

NEXT

회사에 왔다 갔다 하는 현금 흐름을 나타내는군요

현금 흐름표란?

오른쪽이 돈을 어떻게 조달했는가, 그리고 왼쪽이 그 돈을 어떤 형태로 가지고 있는가를 나타내는 거죠?

대차 대조표란?

C&W는 셋이서 주식을 샀는데 그 돈이 갚을 의무가 없는 돈, 순자산이지

할아버지의 용어 설명

재무제표는 말하자면 그 회사의 경영 성적표 같은 거란다. 본업이 잘 굴러가고 있는지, 아닌지. 어떻게 자금을 얻어서 어떻게 쓰고 있는지. 주먹구구식이 아니라 한눈에 숫자로 볼 수 있게 만든 거야.

STAGE 3

현금 흐름

매출 시점과 현금이 들어오는 시기의 차이

할아버지, 현금 흐름은 잘 모르겠어요……

예를 들어 신용 카드로 물건을 산 시점은 이번 달이
지만 지불은 다음 달이니까 시간 차가 있잖니.
이런 걸 현금 흐름이라고 부른단다.

신용 카드로 사자.
인출은 어차피
다음 달이니까

수수료를 뺀
5월분의 대금을
6월 말에 한꺼번에
지불합니다

상품은 팔렸는데
입금이 늦으니
곤란하네

매출이 나는 것과
현금이 들어오는
것이 같다는 착각은
부도를 부르지.
제대로
이해해 두렴

5월　　**6월**

고객　　카드사　　가게

상품의 대금이 들어오기 전까지
구입비나 인건비, 임대료 등
지불할 게 너무 많아서 힘들어!

매출과 입금에는 차이가 있다

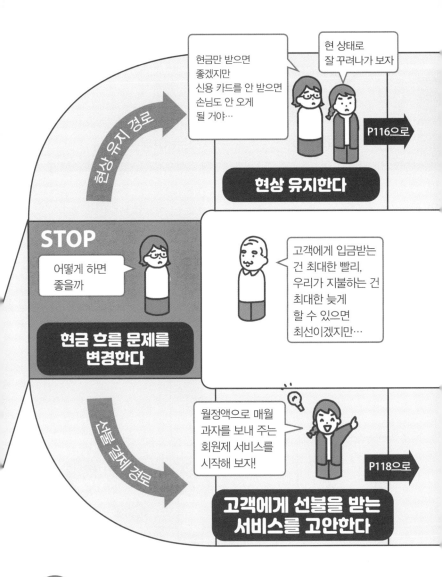

현금만 받으면 좋겠지만 신용 카드를 안 받으면 손님도 안 오게 될 거야…

현 상태로 잘 꾸려나가 보자

P116으로

현상 유지한다

어떻게 하면 좋을까

STOP

현금 흐름 문제를 변경한다

고객에게 입금받는 건 최대한 빨리, 우리가 지불하는 건 최대한 늦게 할 수 있으면 최선이겠지만…

월정액으로 매월 과자를 보내 주는 회원제 서비스를 시작해 보자!

P118으로

고객에게 선불을 받는 서비스를 고안한다

할아버지의 용어 설명

경영상 여기는 중요한 포인트란다. 사업에 드는 비용과 예상 수익을 계산하는 것도 물론 중요하지. 그렇지만 각각의 돈이 언제 나가고 언제 들어오는지도 확인해 둬야 나중에 힘들어지지 않는단다.

STAGE 3

흑자 도산

매출이 있는데 도산하는 이유는?

일단 신용 카드 대금은 나중에 들어온다는 걸 염두에 두고 지금 이대로 계속해 볼게요.

그렇구나, 쉽지 않겠지만 열심히 하렴.

죄송하지만, 납품 대금 지불을 한 달마다 해도 될까요?

음......
알겠습니다

손님으로부터 받는 대금을 현 상태 그대로 둔다면 할 일은 대금 지불을 늦추는 것뿐이란다

가게 납품업체

납품업체에 지불을 늦춰달라고 한다

다음 달이면
돈 들어올 텐데…

GAME OVER

(P115로 돌아가기)

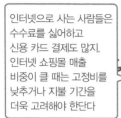
인터넷으로 사는 사람들은
수수료를 싫어하고
신용 카드 결제도 많지.
인터넷 쇼핑몰 매출
비중이 클 때는 고정비를
낮추거나 지불 기간을
더욱 고려해야 한단다

흑자 도산

4월	5월	6월
납품	지불	고정비 지불
	판매	
	매출	신용 카드 매출 입금

 BANK

음… 지금은
어떻게든 견딘다
해도 앞으로도
같은 상황이지
않을까?

은행에 차입을 요청한다

고정비 등에서
신용 카드로 지불할
수 있는 것은 바꾸고,
가급적 지불을
늦춰야 해

현금 흐름을 확인한다

그래도 이번 달은
지불이 힘들어!

 할아버지의 용어 설명

회계상으로는 매출이 있고 흑자인데 현금이 들어오는 것은 나중이기
에 지불할 수 없게 돼서 도산하는 것. 이걸 흑자 도산이라고 한단다.
회계 수지뿐 아니라 현금 흐름을 잘 관리하지 않으면 사업은 힘들어
지지.

STAGE 3

구독 서비스

회원제의 장점은?

할아버지, C&W 과자 30,000원어치를
매달 받을 수 있는 회원제 서비스는 어때요?
요금은 일단 현금만 받는 걸로 하고요!

오호! 좋은 생각을 했구나.
그건 지금 유행하는 구독 서비스네!

인터넷 쇼핑몰(계좌 이체만)	매장

구독이란 일정액을
지불하고 상품이나
서비스를 받을 수 있는
회원제 비즈니스
모델이란다

회원 등록은
계좌 이체나
매장에서
현금 결제만 가능!

만들기 전에
현금을 받을 수
있으니 좋겠다~

서비스의 수익을 생각한다

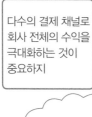

다수의 결제 채널로 회사 전체의 수익을 극대화하는 것이 중요하지

조금만 더 궤도에 오르면 요금을 신용 카드로 받아도 되겠지!

NEXT →

현금 매매뿐 아니라 회원제 요금도 들어와서 자금 사정이 좋아졌어!

확실한 현금 수입을 매월 얻는다

역시 약간은 이득을 보는 게 있어야 가입하겠지

20,000원어치의 과자를 한 달에 두 번 보내자. 내용물은 랜덤으로, 대신 가게에서도 쇼핑몰에서도 살 수 없는 한정 과자도 섞는 거 어때?

서비스 내용을 생각한다

어서 인터넷과 매장에 공지하고 회원을 모집하자!

 할아버지의 용어 설명

시기에 따라 큰 변동이 없는 수익을 기대할 수 있는 것도 구독 서비스의 장점이란다. 구독으로 상품을 제공하는 방법은 동영상이나 음악 사이트, 스마트폰 애플리케이션이나 음식 그리고 책까지 사용하는 곳이 점점 늘고 있지.

시장 지위별 경쟁 전략

시장에서의 위치에 따른 작전을 세우자

월정액 회원 서비스도 성공적이고 순조로워요!

그럼 실제 매장 경영도 궤도에 잘 올랐으니,
다시금 업계에서 너희 회사가 어떤 위치에 있는지
확인해 보자꾸나.

리더
규모가 크고
상품의 질도 좋은 업계 1위

챌린저
규모는 크지만
선두를 쫓아가는 2등 기

위치를 확인하고
그에 따른 대책을
세워야 해. 이것을
지위별 경쟁 전략
이라고 한단다

팔로워
규모도 질도
애매한 기업

니처
규모는 작지만
좁은 범위에서 인기있는 기업

**시장에서의
위치를 확인한다**

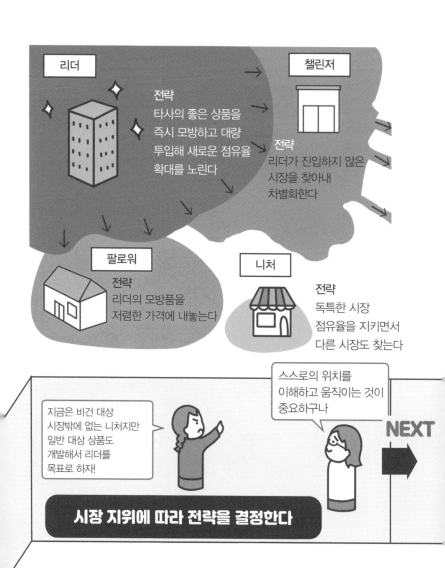

리더

전략
타사의 좋은 상품을
즉시 모방하고 대량
투입해 새로운 점유율
확대를 노린다

챌린저

전략
리더가 진입하지 않은
시장을 찾아내
차별화한다

팔로워

전략
리더의 모방품을
저렴한 가격에 내놓는다

니처

전략
독특한 시장
점유율을 지키면서
다른 시장도 찾는다

스스로의 위치를
이해하고 움직이는 것이
중요하구나

지금은 비건 대상
시장밖에 없는 니처지만
일반 대상 상품도
개발해서 리더를
목표로 하자!

NEXT

시장 지위에 따라 전략을 결정한다

이 시장 지위별 전략을 구체적으로 보면 4P와도 상관이 있지. 니처인
C&W라면 제조는 좁은 타깃을 향해, 높은 가격으로, 프로모션도 신
중하게 실시해서 우선 챌린저의 위치를 목표로 하는 거야.

STAGE 3

란체스터 전략®

강자와 약자가 싸우는 방식의 차이

근데 할아버지, 우리 상품으로 대기업이랑 제대로 싸울 수 있을까요? 상상이 안 돼요.

충분히 싸울 수 있어.
란체스터 전략®이라는 것을 기억하렴.

| 제1 법칙 |

전력=병력×무기 성능
창이나 검 등 원시적인 무기의 경우
병력, 즉 인원 수가 많은 쪽이 이긴다

| 제2 법칙 |

전력=병력의 제곱×무기 성능
총 등 근대 무기로는
병력의 차이가 더욱 큰 요소가 된다

이것은 원래 군사에서
사용되던 전략으로
훗날 경영의 세계로
전용된 법칙이란다

인원이 적을 때는
좁은 장소에서 싸워서
수적 이익을
없애야 하는구나

란체스터의
군사 법칙을 배운다

※란체스터 전략®은 주식회사 란체스터시스템즈의 등록상표입니다.

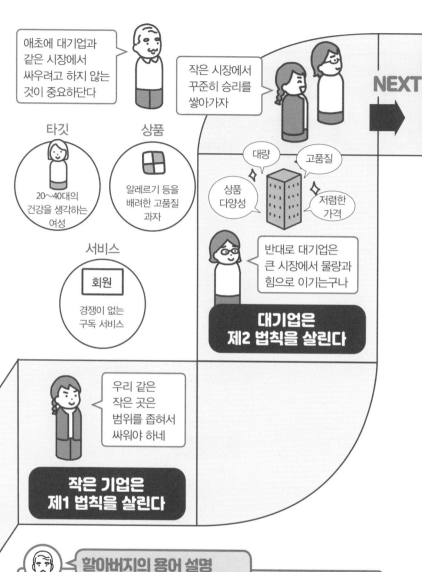

애초에 대기업과 같은 시장에서 싸우려고 하지 않는 것이 중요하단다

작은 시장에서 꾸준히 승리를 쌓아가자

NEXT

타깃

20~40대의 건강을 생각하는 여성

상품

알레르기 등을 배려한 고품질 과자

서비스

회원

경쟁이 없는 구독 서비스

대량

고품질

상품 다양성

저렴한 가격

반대로 대기업은 큰 시장에서 물량과 힘으로 이기는구나

대기업은 제2 법칙을 살린다

우리 같은 작은 곳은 범위를 좁혀서 싸워야 하네

작은 기업은 제1 법칙을 살린다

할아버지의 용어 설명

과자 업계에서는 하겐다즈가 유명하지. 아이스크림이라는 상품 하나로 좁혀서 성인을 대상으로 한 아이스크림으로 차별화했어. 원료에 대한 고집, 고급스러운 연출, 높은 가격이라는 브랜딩으로 고가 아이스크림 시장에서 반석의 지위를 다졌지.

STAGE 3

코모디티화
따라하면서 진부해진 상품

C&W가 법인화한 지 2년…….
매장도 세 개로 늘었고 인터넷 쇼핑몰 매상도
비약적으로 늘어서 지명도도 규모도 커졌구나.

근데 최근에는 매출이 떨어지고 있어요…….
우리의 성공을 보고 건강한 과자나
우리와 같은 회원제 서비스가 많이 나왔거든요.

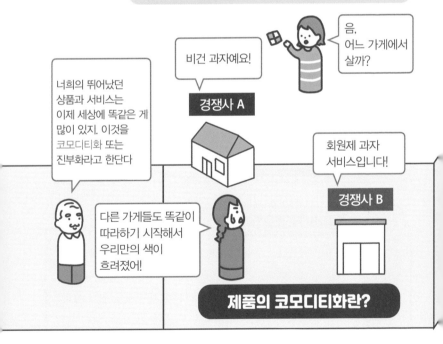

음,
어느 가게에서
살까?

비건 과자예요!

경쟁사 A

너희의 뛰어났던
상품과 서비스는
이제 세상에 똑같은 게
많이 있지. 이것을
코모디티화 또는
진부화라고 한단다

회원제 과자
서비스입니다!

경쟁사 B

다른 가게들도 똑같이
따라하기 시작해서
우리만의 색이
흐려졌어!

제품의 코모디티화란?

건강하고 원료에 신경 쓰는 데다 가격도 합리적이야!

A

저희는 월 20,000원에 50,000원 어치의 과자를 보냅니다!

B

시작한 후 최대 위기야……!

NEXT

음, 타깃이나 상품을 재검토하고 브랜딩을 다시 생각하는 것도 좋지만 새로운 길을 모색해 보는 것도 방법이란다

코모디티화를 벗어나려면?

가격 인하 경쟁에 휘말렸다간 우리 같은 작은 회사는 당해낼 수 없어!

일단 가격 인하는 브랜드 가치를 떨어뜨리기 때문에 휘말려서는 안 돼

코모디티화가 일어나면 어떻게 될까?

할아버지의 용어 설명

사업을 유지하는 이상 타사가 따라하지 않도록 하는 것은 어렵고, 결국 코모디티화는 피할 수 없단다. 가격이 싸지는 건 고객에게는 좋은 일이지만 경영자에게는 골치 아픈 문제지.

STAGE 3

어드밴티지 매트릭스

경쟁이 치열하고 이기기 쉬운 업계인가?

할아버지, 어떡해요!
빨리 어떻게든 해야 해요!

초조한 마음은 이해하지만 진정하렴.
차라도 마시면서 돈 버는 사업과 돈 못 버는 사업
이야기라도 해 볼까?

경쟁 요인의 수

승부를 결정하는 경쟁 요소.
맛과 기능, 디자인, 비용, 가격 등 다양

보스턴 컨설팅 그룹이
제창하는 어드밴티지
매트릭스에서는 사업이
네 종류로 나뉜단다

우위성 구축 가능성

다양한 경쟁 요인 중에서 경쟁에서
이길 가능성이 얼마나 되는가

우리는 경쟁 요인이
많을 것 같은 업계네

두 개의 축으로 생각한다

할아버지의 용어 설명

확실히 음식 사업은 분산형이라 자영업이나 중소기업이 많아서 큰 폭으로 이기기는 어려워. 하지만 예를 들어 카페를 체인화하고 덩치를 키우면 분산형에서 규모형이 된단다. 사업의 형태를 전환할 수 없을지 고민하는 것이 중요하지.

STAGE 3

앤소프 매트릭스

어떤 고객에게 무엇을 팔 것인가?

C&W가 체인 시작 즉시 규모형이 되기는 어려워.
지금은 신상품 개발이나 다른 사업을 통해
타파하는 방법을 생각해 보자.

새로운 사업이요? 재미있겠다!

고객	상품 · 서비스
기존　　　새로움	기존　　　새로움

러시아의 경영학자
이고르 앤소프가
고안한 앤소프
매트릭스로
생각해 보자

타깃으로 삼은 사람과
그 외의 사람,
우리가 만들어온 상품과
그 외를 말하는 거구나

고객과 상품을 '기존'과 '새로움'으로 나눈다

	기존 고객	새로운 고객
기존 상품	**시장 침투** 특별한 날을 위한 고급 과자, 간단한 선물용 제품 강화 등	**신시장 개척** 건강을 중시하는 남성용 과자 모색
새로운 상품	**신제품 개발** 기존 고객을 위한 정통 과자 등의 개발	**다각화** C&W 이념을 반영한 카페 개장

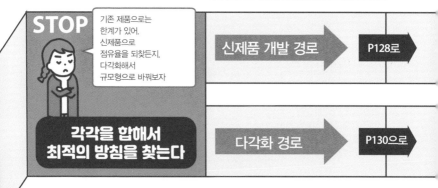

STOP

기존 제품으로는 한계가 있어. 신제품으로 점유율을 되찾든지, 다각화해서 규모형으로 바꿔보자

각각을 합해서 최적의 방침을 찾는다

신제품 개발 경로 ▶ P128로 ▶

다각화 경로 ▶ P130으로 ▶

할아버지의 용어 설명

처음에는 의욕만으로 그럭저럭 굴러가던 사업도 언젠가 코모디티화 돼서 벽에 부딪히기 마련이지. 이때 기존의 것을 강화할지, 새로운 것에 도전할지 나아가야 할 방향성을 여기서 다시 한 번 정리하고 생각해 보자.

STAGE 3

신제품 개발

자사에 없던 상품 만들기

할아버지, 신제품에 도전해 보려고 해요.

흠, 그렇다면 타깃을 재확인하고
무엇을 만들지 생각해 봐야지.

새로운 상품을
만든다고 해도 타깃은
기존 고객이지. 그렇다면
고객에 대해 다시 한번
생각해 보자

우리 고객들이
좋아하면서
브랜드 가치도
해치지 않는 것…

그러고 보니 화과자가
비건 디저트로
인기가 있대.
우리 과자에
접목시키면 어떨까?

**타깃을 재확인하고
신제품을 고안한다**

비슷한 제품이라도
자사를 선택할 수 있는
브랜딩을 생각해야 한단다

**더욱 새로운 제품을
고안한다**

말차

팥

**다시
코모디티화한다**

이런 재료는
우리 전문이 아니니까
협력해 줄 생산자나
제조사를 찾아서
공동 개발하자

녹차를
사용한 쿠키가
잘 팔린대!

파트너사를 찾는다

**신제품을
시험 판매한다**

할아버지의 용어 설명

코모디티화 → 신제품 → 코모디티화의 반복은 비즈니스의 숙명이란
다. 이것에서 벗어나려면 쉽게 따라할 수 없는 기술이나 원료를 획득
하거나 비즈니스 모델 자체를 차별화 해야 해.

STAGE 3

다각화

다른 사업에 진출하자

할아버지, 우리 브랜드랑 제품력을 살려서 카페를 하려고 해요.

오호, 다각화를 통해 규모형 사업을 목표로 하려는 거구나. 좋은 생각이야.

전혀 다른 분야가 아니라 회사의 경영 자원을 활용할 수 있는 사업으로 진출하는 것은 좋은 아이디어란다

우리 회사의 신뢰도도 높아졌으니 은행에서 대출을 받아 가게 옆에 카페를 열 거야!

매장 옆에 카페 개장을 고려한다

큰 투자였지만,
반대로 말하면
타사에게도 큰 투자를
요구하기 때문에
쉽게 따라할 수 없지.
대성공이구나

카페가 번창한다

과자를 사러 온 손님에게
기다리는 동안
커피를 서비스로
드린 후에 원두를 사게
하는 건 어떨까?

기존 가게와 제휴해
상승효과를 노린다

유기농 원료의
음료 회사를 찾자

파트너사를 찾는다

우리 손님의
가격대라면
음료 한 잔이
5,000원이라도…

손익을 계산하고
가격을 결정한다

할아버지의 용어 설명

대량 주문에 따른 재료비 인하, 상품 및 인력의 융통성, 협업의 용이성 등 기존 사업과의 친화성이 높은 방면으로 다각화한 것이 성공의 열쇠란다. 카페 자체로는 포화 상태라 꽤 힘들었을 테니까.

STAGE 3

규모의 경제
대량 생산을 통한 저비용화

할아버지, 기계를 더 사서
과자를 대량으로 만들려고 해요.

음, 규모형 사업을 목표로 한다면 투자를 통한
확대는 올바른 선택이지. 대량 생산함으로써
규모의 이익을 얻을 수 있으니까.

1개 2,000원의
쿠키 내역

고정비

임대료,
정액 상환금 등

400원

1,000원

600원

변동비

인건비,
재료비 등

왜 대량 생산을
하면 원가가
절감되는지
살펴보자

대략적으로는
절반이 비용이고
그중 40%가 고정비네

현재의 제품이 차지하는
이익과 비용의 비율을 생각한다

임대료가 변하지 않아서 많이 만들 수 있으니까 개당 고정비는 줄어드는 거네!

근데 기계로 대량 생산이라니 왠지 우리 가게 같지는 않네…

NEXT

대량 생산의 이점을 알아본다

 할아버지의 용어 설명

대량 생산을 통해 결과적으로 비용이 떨어지면 그만큼 이익도 늘어난 단다. 그 이익만큼 가격을 낮출 수도 있고, 기술자에게 다른 수제 과자 처럼 다른 종류의 제품을 맡길 수도 있지. 여러 가지로 이점이 많아.

STAGE 3

범위의 경제
여러 사업을 하는 것의 장점

카페에서 내놓는 음식도 원재료를 같은 곳에서 구입하면 원가 절감이 되지 않을까요?

좋은 점을 깨달았네. 이걸 여러 사업을 하는 범위의 경제라고 부른단다.

원료   생산

여러 사업에서 자원을 공유해서 비용 절감을 도모하는 거지

과자 가게

카페

카페에서 파는 음식에 과자에 사용하는 원료를 사용하거나 같은 설비를 사용하는 거군요

범위의 경제란?

사과 쿠키와 사과 주스 대량 생산!

기존보다 3배 더 살 테니 가격 낮춰 주세요!

원자재 업체

네!

공장

과자 가게

과자 가게

카페

잼

카페

애플티

제조 공정에서 나오는 사과 껍질을 잼이나 프레시 애플티 원료로

공장은 아직 없지만 여러 사업이 있으면 이렇게 비용 절감의 포인트가 있네

보통이라면 버리는 부분도 활용하는 것은 C&W의 활동으로도 홍보할 수 있을 것 같아

NEXT

더욱 더 비용을 절감할 방법을 생각한다

할아버지의 용어 설명

범위의 경제는 여러 사업을 함으로써 얻을 수 있는 이점을 말한단다. 하지만 공유할 수 있는 자원이 없다면 복수 사업을 한다 해도 의미가 없지. 그러니 다각화로 선택하는 사업은 본업과의 공유 자원부터 생각하는 것이 철칙이란다.

STAGE 3

브랜드 비즈니스
다른 상품으로 세계관을 전하자

도희야, 과자만 만들지 말고
굿즈도 만들어 보면 어떨까?

으음…….
하지만 우리는 과자 회사잖아?

물론이지.
하지만 '관련된 사람 모두를 행복하게 한다'는 미션은
과자 말고 다른 걸로도 전할 수 있지 않을까?

자사의 브랜드가
확립·인지되면 그
브랜드 파워를 살려
다른 사업으로도
뛰어드는 브랜드
비즈니스로구나

건강과 환경,
관련된 사람을
배려한 이미지를
살린 잡화…

토트백

C&W 셔츠

공정 무역 원재료로
만든 가방이라든가
그런 걸 말하는
건가?

브랜드를 살린
사업을 생각한다

이념에 공감해 줘서 매출은 오르고 있지만 과자랑 점점 멀어지고 있어

굿즈 수요가 늘면 굿즈만 파는 가게를 내는 것도 좋겠네

NEXT

브랜드 이념에 공감해 준 고객들은 쉽게 떠나지 않아

브랜드에 대한 팬이 더욱 늘어난다

가게에 제품을 진열해 두는 것은 물론이고 점원에게도 입히면 브랜드로서의 통일감도 생기잖아

다수의 사업을 함으로써 상승 효과가 생겼구나. 이걸 시너지라고 부른단다

기존 사업과의 컬래버레이션을 통해 세계관을 전한다

 할아버지의 용어 설명

경영 이념을 추구하기 위해 어떤 시도를 하고 있는가? 이것이 전해지면 타사는 쉽게 흉내낼 수 없는 자사의 강점이 되지. 자사의 세계관을 제품으로 표현하는 것은 물론이고, 미디어를 통해 직접 알리는 것도 중요하단다.

STAGE 3

조직

직원을 어떻게 관리할까?

매장 수 확대에 카페와 굿즈 사업까지 하느라 직원도 많아져서 제대로 관리하기 힘들어.

그렇지. 그래서 제대로 된 조직을 만들려고.

사업부별

매트릭스

A B C

기능별

회사가 커질수록 직원도 늘어나는 법이지. 세상에는 어떤 형태의 조직들이 있을까?

총 세 종류가 있네

조직의 종류를 알아본다

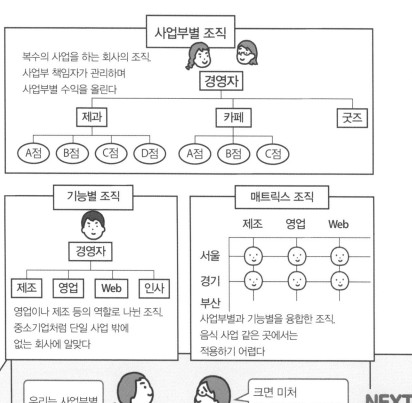

사업부별 조직

복수의 사업을 하는 회사의 조직.
사업부 책임자가 관리하며
사업부별 수익을 올린다

경영자

| 제과 | 카페 | 굿즈 |

A점 B점 C점 D점   A점 B점 C점

기능별 조직

경영자

| 제조 | 영업 | Web | 인사 |

영업이나 제조 등의 역할로 나뉜 조직.
중소기업처럼 단일 사업 밖에
없는 회사에 알맞다

매트릭스 조직

	제조	영업	Web
서울	☺	☺	☺
경기	☺	☺	☺
부산			

사업부별과 기능별을 융합한 조직.
음식 사업 같은 곳에서는
적용하기 어렵다

우리는 사업부별
조직이 좋겠네

크면 미처
살피지 못할 것 같은
부분도 있네…

NEXT →

세 가지 조직 중 자신들에게 맞는 조직을 만든다

 할아버지의 용어 설명

가령 제과 부문밖에 없다면 제조, 판매 등 기능별 조직을 짜는 것도
좋아. 하지만 규모가 커지면서 제조 부문에서 모든 것을 제조하는 것
은 어려워지지. 사업부별로 부문을 나누는 게 맞지 않겠니?

STAGE 3

틸 조직

진화형 조직이란?

최근에는 한층 더 새로운
틸 조직이라는 것도 나왔단다.

틸 조직이요?

기존 조직은 네 가지
유형으로 나뉘지.
더 나아간 곳에
있는 게 바로
틸 조직이란다

레드(충동형)

강력한 리더가
충성심과 두려움으로
지배하는 하향식

호박색(순응형)

역할과 규율에 의해
관리되고 나이와 관습에 따라
계급이 결정되는 피라미드형.
학교나 군대 등

오렌지(성취형)

경쟁과 변화를 취지로
성과를 낸 사람이
위로 올라가 기계처럼
계속 성장하는 피라미드형

그린(다차원형)

피라미드형이지만 의사결정은
구성원의 합의에 따르는
가족과 같은 조직

한국 회사는
아직 호박색이
많네요.
종종 오렌지나
그린도 보이고요

기존 조직의 유형을 알아본다

틸(진화형)

조직을 생명체로 간주하고
구성원은 그 생명체 진화의
목적을 실현하기 위해
관여하면서 존재한다

진화하는 목적

미래를 예측하는 것이 아니라
조직이 자연스럽게 나아가는 목적에
구성원들은 따른다

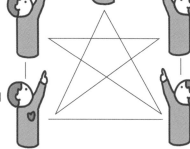

개인으로서의 전체성 발휘

이기심을 버리고
좁은 전문성의
세계에 머물지 않고
자신의 내적 목소리에
귀 기울인다

셀프 매니지먼트

피라미드 조직이
아니기에 구성원이
자립적이며 각각
권한을 갖고 있다

왠지 일하는 사람을
관리하기 어려울
것 같아

하지만
'일하는 사람까지
포함해서 모두를
행복하게'라는
우리 회사의 이념에는
맞는지도 몰라

NEXT

틸 조직을 이해한다

할아버지의 용어 설명

네덜란드의 뷔르트조르흐라는 재택 간호 회사가 대표적인 예지. 이
회사 간호팀에는 매니저도 리더도 없단다. 업무도 정해진 치료가 아
니라 간호사 각자의 판단으로 환자가 스스로 할 수 있는 일을 돕기
위해 노력한다고 해.

STAGE 3

M&A① 분사화

회사를 나누는 이유

바빠서 자주 못 온 사이에 훌륭한 회사가 되었구나~

네, 그런데 너무 커져서 회사를 나눠서 작게 만들려고요.

오호, 분사화한다는 거구나.

과자 이외의 사업도 늘었고 회사도 커졌어. 깔끔하게 재편하자

이건 식품 사업부의 일 아닌가?

다른 사업부와 제휴가 잘 안 돼……

C&W

제과

식품

업무가 너무 많아서 잘 안 돌아가요!

카페

한 회사에 사업이 많이 있으면 비효율적이지

많은 사업부가 한 회사에 있으면 비효율적이다

NEXT

할아버지의 용어 설명

한 회사에 많은 사업부가 있으면 아무래도 비효율적이란다. 이때 하나의 사업을 다른 회사로 만들어 버리는 것이 분사화지. 참고로 이런 회사의 분할이나 다른 회사를 인수하는 등의 움직임을 다 합쳐서 M&A라고 부른단다.

M&A ② 인수와 합병

다른 회사를 산다는 선택

음……

왜 그래, 언니? 심각한 얼굴이네.

도희야, 원재료 매입하는 회사를
사 버릴까!

① 비용 절감
사내에서 생산하므로
비용을 낮출 수 있다

② 노하우 획득과 시너지
다른 업종의 노하우와 인력, 고객을
그대로 활용할 수 있으며
기존 사업과의 시너지도 기대할 수 있다

A청과

인수라는 말은
뉴스 같은 데서나
들었는데 설마
우리가, 심지어
인수하는 쪽이라니…

회사를 사는데
돈은 많이 들지만
그 이상의 장점이
있을 것 같아!

인수의 장점을 알아본다

합병

사고 싶은 회사를 자기 회사의
일부로 만든다.
흡수 합병이라고 불린다.
A 청과가 C&W의 사업부가 된다.

인수

사고 싶은 회사는 그대로 남기고
그 회사의 주식을 사서 제어한다.
A청과가 C&W의 자회사가 된다

C&W   A청과

주식을 사는 방법

상대 거래

당사자끼리 주가나
주식 수를 상의해서 매매

TOB

'주가, 주식 수, 매수
기간'을 공시하고
시장 외 불특정
다수 주주로부터
주식을 산다

주식 교환

주식   주식

서로의 주식을 교환하고
사는 쪽은 자회사가
되는 대신 모회사의
주주가 된다

TOB는 상대방의
동의를 얻지 않고
인수하기 때문에
적대적일 것 같아

우리는 주식 공개를
하지 않아서
매수되지 않아
안심이야

NEXT

다양한 인수 방법을 알아본다

할아버지의 용어 설명

그 밖에도 인수 대상 기업이 자사를 담보로 자금을 차입해 자신보다
큰 기업을 인수하는 LBO 등이 있지. 또 합병된 기업의 회사명이나 제
품명은 남기도 해. M&A의 세계는 심오하단다.

STAGE 3

수직 통합·수평 통합
수직 방향의 일체화와 수평 방향의 일체화

언니, 또 다른 회사도 인수할 거야?

음, 비건 푸딩 만드는 회사가 신경 쓰여서.
지난번 생산 회사 인수는 수직 통합이고,
이번 것은 수평 통합인데……

생산 → 🫒 → 🍎 브랜드 원료

조달 → 🚚 → ?

제조 → 🏭 → ?

판매 → 🏪 → ?

C&W 공급 체인

우선 우리 회사의
공급 체인 중 어디에
가치가 있는지,
즉 가치 사슬을
생각하는 게 중요해

생산 회사를 인수한 후 원료를 브랜드화
해서 다른 곳에 도매하기 시작했어

제조나 판매 부문에도 다른 가치를
부여할 수 없을까?

가치 사슬을 분석한다

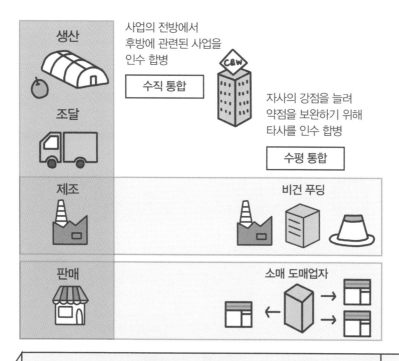

생산

사업의 전방에서
후방에 관련된 사업을
인수 합병

수직 통합

자사의 강점을 늘려
약점을 보완하기 위해
타사를 인수 합병

수평 통합

조달

제조

비건 푸딩

판매

소매 도매업자

비건 푸딩 회사를
인수해서
상품 종류를 늘렸어

소매 도매상도 사서
우리 회사뿐만 아니라
여러 소매점에
C&W 과자를 취급해
달라고 하는 거네

NEXT

수직 통합과 수평 통합을 이해한다

 할아버지의 용어 설명

가치 사슬 분석에서 자사 공급망 어디에 가치가 있는지와 어디가 약한지를 생각해야 한단다. 그리고 그걸 보완하거나 강화하기 위해 어떤 방향으로 인수 합병을 진행할지 결정해야 해.

STAGE 3

CRM

고객의 데이터를 모아 활용하자

회사가 너무 커서
원투원이 실현되고 있는지 걱정이야.

그럼 고객 한 사람 한 사람 데이터를 관리하는
시스템을 도입할까?

포인트 카드
있으세요?

네

카드에는 성별, 나이, 주소,
언제, 어느 점포에서, 무엇을, 얼마나 샀는가
등의 고객 데이터가 쌓여 있다

고객의 데이터를
관리하고 그것을
비즈니스에 활용
하는 걸 CRM,
고객 관리라고 해

이 포인트 카드를 통해
얻은 데이터로 고객의
취향을 파악해서
매출로 이어가는구나

CRM이란?

NEXT →

손님이 더욱 늘어난다

어, 가게에서 메시지가 왔네! 이 가게 재밌다~

고객과 소통한다

저 손님은 7월생, 다음 달에 생일 쿠폰 발급, 자주 가는 매장 할인도 해 주자

저희 매장에서 구매한 적 있는 분들에게만! 다음 달 전품목 10% 할인!

고객 개인에게 맞춘 제안을 한다

이벤트나 세일 정보를 영역별로 전달한다

 할아버지의 용어 설명

고객을 나누는 방법과 분석에는 여러 가지가 있지. 그 중에서도 최신 구매일, 빈도, 금액으로 손님을 나누는 RFM 분석이 유명하단다. 고객을 구분해서 원투원 마케팅을 하는 거지.

STAGE 3

핀테크

금융×IT화의 혜택을 받자

언니, 가게에서 스마트폰 결제도
가능하게 하는 거야?

유저 우선이야, 도희야.
핀테크라고 들어봤어?

스마트폰 결제

가계부 앱

은행 계좌나 신용 카드에서
스마트폰으로
충전할 수 있어서 편해요!

은행 계좌, 신용 데이터와
연계된 앱에서
자동으로 가계부를
써주는구나!

핀테크는 Finance(금융)
×Technology(기술)를
조합한 조어구나

이름 그대로 돈 관련
업무나 서비스를 IT화해서
더욱 쉽게 사용할 수
있도록 하는 거네

핀테크란?

음, 확실히 여러가지로 편리해졌지만 C&W는 이대로 괜찮을까…

IT화 할 수 있는 부분은 최대한 해서 낭비를 줄이자

NEXT

네!

전자화폐로 계산할게요!

회사 계좌나 신용 카드 정보를 연계해서 입출금을 자동 관리

납세나 각종 서류 작성의 수고 단축으로 인한 인건비 절약

회계의 클라우드화

전자 화폐를 사용하는 손님이 이만큼 많다면 확실히 도입하는 편이 좋겠네

전자 결제 도입

주문이나 판매 관리에는 전용 계산대 POS를 사용했는데, 이건 태블릿만 터치하면 사용할 수 있어!

모바일 POS 도입

할아버지의 용어 설명

기업뿐만 아니라 개인 차원에서도 핀테크는 점점 확산되고 있단다. 현금 결제를 차차 없애는 캐시리스화가 더 진행되면 그만큼 현금 관리 위험도 줄어들지. 하지만 온라인에서만 사용할 수 있기 때문에 장애가 발생하면 사용할 수 없다는 위험도 있어.

STAGE 3

상장이란

주식을 공개하는 것의 의미

도희야, 우리 드디어 상장하는 거야.

(언니가 목표로 하는 회사와
내가 목표로 하는 회사는 조금 다른 것 같아.)

상장
자신들의 주식을
주식 시장에 공개해서
불특정 다수의 사람들이
사도록 한다

회사가 커지는 것은
고객을 위한 것
이기도 해!

상장하면 우리 마음
대로 경영할 수 없어.
주주가 수긍하는
경영을 해야 하니까

상장이란?

주식을 공개하면 C&W가 달라질 것 같아…

STAGE CLEAR

NEXT STAGE

P156으로

상장은 경영자의 꿈! 꼭 하자!

상장을 결정한다

신규 사업을 위해 돈이 필요하기 때문에 주식을 발행합니다!

주식

살게요!

₩ ₩

일류 기업 반열에 오르는 거예요! 힘냅시다!

네!

직원의 사기가 올라간다

이럴 때 지금까지는 은행에서 빌렸는데 이건 주주에게 돌려줄 필요가 없는 게 좋은 점이지

과자 공모전에서 우승했습니다! 이 회사에서 그것을 활용하고 싶습니다!

자금 조달이 쉬워진다

인지도가 올라가면 우수한 인재가 모인다

할아버지의 용어 설명

상장에는 여러가지 장점이 있지만 제삼자가 주주가 되기 때문에 지금까지처럼 마음대로 경영할 수 없다는 단점도 있단다. 하지만 일단 상장을 고려할 수 있는 규모가 되었다는 건 하나의 도달점이잖니! 축하한다!

회사를 상장하기로 결정했네요. 그런데 도희가 지호에게 뭔가를 의논하고 있습니다.

회사를 그만두고 싶다는 게 정말이야?

응. 사업 성장이나 확대 같은 것들에 지쳤어.
좀 더 손님들 가까이서 기쁘게 해 드리고 싶어.

하지만 회사가 커지면 더 많은 손님들을
기쁘게 할 수 있지 않을까?

그 방법도 틀렸다고 생각하지는 않아. 나는 그냥
작은 규모로 모두를 행복하게 만들고 싶을 뿐이야.

알았어. 그만둬도 나는 도희를 계속 응원할게!
나는 네 언니니까!

응. 고마워. 언니!

이렇게 도희는 회사를 그만두고 둘은 다른 길을 걷게 되었습니다.

STAGE4
목표는 어디에?

대기업의 길과 자영업자의 길,
지호와 도희는 어디에 도달할까요?

상장 경로

➡ P158로

지속 가능 경로

➡ P174로

매각 경로

➡ P166으로

자영업자 경로

➡ P180으로

STAGE 4

프랜차이즈

저렴한 비용으로 가게를 늘리자

상장 준비도 진행하겠지만
카페의 프랜차이즈화도 생각해야 해.

저비용으로 매장 수를 확대할 수 있다는 게
프랜차이즈의 장점이지만
리스크도 있으니까…….

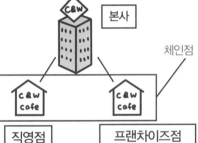

본사

체인점

프랜차이즈화 하기
전에 다시 구조를
확인해 두자

직영점

프랜차이즈점

본사가 직접
경영하는 매장

가게 주인과 프랜차이즈
계약을 맺은 매장

손님 입장에서는
직영이든 프랜차이즈든
같은 카페 체인점이네

상장 경로
START

직영과 프랜차이즈,
체인점이란?

새로운 땅이나 건물이 필요 없고
우리 회사가 운영하는
점포가 아니기에 망해도
직영점만큼의 리스크는 없구나

본사

토지 및 건물을 준
비하고 정액 혹은
비율제 가맹료, 즉
로열티를 매월 납부

C&W의 브랜드, 매장 경영
노하우 및 데이터, 상품 및
서비스 사용권, 경영상 지도
및 조언 등을 제공

C & W
Cafe

프랜차이즈점

매장주

간판은 같지만 어디까지나 독립적인 매장.
개업 자금은 물론 납품비도 광고비도 모두
자기 부담이에요. 그래도 노하우나 간판
덕분에 경험이 없어도 시작하기 쉽죠

경험이 없는 사장님이라도
매출이 오를 수 있도록
카페 노하우와 지도 방법을
정비해서 프랜차이즈화하자

NEXT

프랜차이즈의 구조를 알아본다

할아버지의 용어 설명

매장 경영에 드는 자금을 매장주가 부담하기에 본사는 저비용, 저위
험으로 자사의 간판을 단 매장을 늘릴 수 있지. 하지만 대응을 잘못
하면 회사의 브랜드 이미지도 떨어지기 때문에 본사의 지도와 매장
주와의 신뢰 관계가 중요하단다.

STAGE 4

얼라이언스
타사와의 협력으로 사업을 확대하자

음, '타피오카 카페' 밀크티 맛있네.

우리 고객 맞춤형 버블 밀크티도 만들고 싶어. 하지만 매수에는 시간이 걸리니까 그 사이에 인기가 식을지도 몰라. 얼라이언스하는 게 더 좋을지도 모르겠다.

저희 회사에서 버블 밀크티를 판매하고 싶으니 개발에 협조해 주세요!

조건에 따라 협력할게요!

C&W

타피오카 카페

인수는 어쨌든 수고, 시간, 비용이 들기 때문에 경우에 따라서는 얼라이언스, 즉 제휴가 좋아

타사와 협력해서 사업을 진행하는 거구나

얼라이언스란?

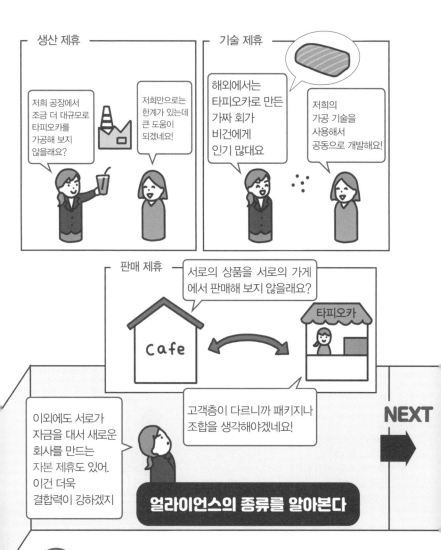

NEXT

얼라이언스의 종류를 알아본다

NEXT

할아버지의 용어 설명

얼라이언스의 장점은 M&A보다 리스크가 적다는 점이란다. 타피오카의 인기가 사그라들었을 때, 인수했다면 그 사업부나 자회사가 남지만 얼라이언스라면 제휴만 해지하면 되니까. 서로 손을 잡음으로써 회사가 망하는 위험을 피하는 거지.

OEM

기업을 상대로 한 수주 생산

과자, 카페, 굿즈와 그 외 인수한 회사의 사업들도 나름대로 성과를 내고 있지만 더 나아가고 싶어.

참, OEM은 어떨까? 알아봐야겠다.

과자 제조 도급 받습니다!

C&W

공장

저희 회사에서 파는 과자를 만들어 주지 않을래요?

음식점 · 소매점

OEM은 음식점이나 소매점에서 주문을 받아 제조해서 도매하는 거야. 기업을 상대로 한 수주 생산이지

우리 회사의 설비와 원료를 사용해서 기업으로부터 제조만 도급 받는 거야

OEM이란?

대성공!
자, 드디어 상장이야!

NEXT

우리 회사 제조 설비로는 만들 수 없는 상품이 이벤트로 필요해서…

음식의 종류를 늘리고 싶지만 구입처나 제조 설비가 없어

원료를 고집한 유기농 메뉴가 호평을 받고 있어요! 또 부탁드릴게요

제조에 가치가 붙는다

다른 제조사 | 유기농 카페

여러가지 사정으로 제조를 맡기고 싶은 기업이 있구나

OEM의 클라이언트

공장 가동률이 올라간다!

세세한 주문에 대응해 줄뿐 아니라 대규모 설비 투자를 안 해도 된다!

OEM의 장점

할아버지의 용어 설명

OEM이란 Original Equipment Manufacturing의 약자를 딴 말이란다. 위탁원은 제조할 필요가 없기 때문에 비용을 대폭 낮출 수 있는 것이 큰 장점이지. 대체로 대기업이 위탁원이 되는 경우가 많단다.

STAGE 4

IPO

주식을 시장에 공개하자

사업도 순조롭게 커졌으니
슬슬 IPO를 할 때야!

그전에 다시 상장에 대해
좀 더 확인해 두자.

높음
↑

심사 기준

코스피
삼성전자, 현대자동차, 네이버, 카카오 등

코스닥
셀트리온, 카카오게임즈, 에코프로비엠 등

코넥스
초기 중소기업들을 위한 시장

낮음

우리 같은
비상장사가 새로 주식을
공개하는 것을 IPO
(Initial Public Offering)
라고 하지

코스피나 코스닥은
인원 수나 시가총액 등의
심사 기준이 더 높을 거야.
우리는 기준이 비교적 느슨한
코넥스가 좋겠어

어느 주식 시장에 공개할 것인가?

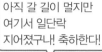
아직 갈 길이 멀지만
여기서 일단락
지어졌구나! 축하한다!

GOAL

드디어 상장!

하지만 아직은
과정일 뿐,
목표는 코스피야!

ENDING
P184로

주식 공개

P184로

주주

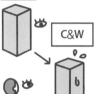
C&W

경쟁사

공개하기 때문에
인수당할 위험이 높아지고
주주들의 압박도 심해진다

내부 조직
개편

감사 법인,
주력 증권 회사
정하기

5년치의
재무제표 등
공개하기 위한
회계 자료를
정리한다

회사는 내가 아니라
주주의 것이 되기
때문에 사업주의
발언권도 약해지지

**상장의 단점도
파악한다**

실무는 IPO
컨설턴트를 넣고
사내에 준비실을
만들어서 진행하자

**상장을 위한
다양한 준비를 한다**

할아버지의 용어 설명

지금까지 많은 일이 있었지만 드디어 상장이라는 목표에 도달했구나. 다만 아직 주식 시장은 심사가 엄격하지 않으니 상장했다고 끝이 아니야. 사업을 더욱 성장시키고 규모를 확대함으로써 한층 더 위의 시장을 노려야 한단다!

STAGE 4

센트럴 키친 방식

대규모 제조 거점을 만들자

하아… 도희가 없으니까 의욕이 사라졌어.

아니다, 정신 차려야지.
센트럴 키친화 하기로 했으니까.

공장

모든 상품을 제조하고
제조에만 특화

패밀리 레스토랑이나
학교 급식 등에서
채용되는 방식으로
규모의 이익을
받을 수 있지

매장 조리 및 제조 설비를 철거하고
판매에만 특화한다

지금까지 공장에서는
소재의 가공이나
일부 상품의 제조만
했지만 제조와 판매를
완전히 나눠야겠어!

매각 경로
START

센트럴 키친 방식이란?

공장

땅값이 싼 교외에 대규모
공장을 짓고 매입도 일괄적으로,
대량으로 진행함으로써
비용을 절감할 수 있다

상품

품질의 격차가 없어져서
상품의 질이 안정된다

매장

제조 설비가 없기 때문에
매장 면적이 작아도 괜찮다.
땅값이 비싸고 유동인구가 많은 곳에
입점할 수 있어서 인건비도
아낄 수 있다

하지만 도희 말대로
대량 생산 방식은
우리의 이념과는 거리가
멀다는 느낌이 들었어

**센트럴 키친 방식의
장점을 알아본다**

NEXT

할아버지의 용어 설명

규모 확대를 위해서는 필수 전략이지. 하지만 기술자를 쓰지 않고 직접 제조하는 방식을 버리면 기존 고객이 떠날 위험성도 있어. 브랜드화한 기존 매장은 그대로 두고 수지가 맞지 않는 매장을 저렴한 새 레이블로 바꾸는 게 좋을 것 같구나.

기업 가치 평가

비상장사의 가치는 얼마인가?

하아, 회사는 커졌는데 초창기 고객 반응은 별로 안 좋네…….

회사를 팔아 버릴까…….
기업 가치 평가를 받자.

상장사

비상장사

기업 가치 평가는 말 그대로 그 회사의 가치가 어느 정도인지를 나타내는 거야

상장 기업은 주가라는 알기 쉬운 지표가 있는데, 우리 같은 비상장 기업은 어떻게 가치를 파악할 수 있을까?

기업 가치 평가란?

비상장사들은 주로 이 세 가지를 두고 인수 여부를 결정하지요

인수 기업

하아, 이제 임직원 설득이 남았네

NEXT

사업의 수익성이나 장래성, 향후 어느 정도 벌 수 있느냐로 가치를 매기는구나

소득 접근법

회사가 안고 있는 현재의 자산과 부채로 가치를 재는 방법이구나

비슷한 규모나 사업의 회사를 조사해서 대략적인 가치를 매기네

자산 접근법

시장 접근법

할아버지의 용어 설명

셋 중 어느 것을 중요시하는가는 인수한 후 어떻게 하고 싶은지에 따라 달라진단다. 가령 인수한 회사의 사업을 완전히 없앤다면 장래의 수익성은 생각할 필요가 없겠지. 그 경우 자산 접근법이 중시되는 거야.

STAGE 4

우호적 인수와 적대적 인수

동의를 얻고 사느냐, 동의를 얻지 않고 사느냐

회사의 이름도 사업도 그대로 남는다고 하니까
직원과 임원도 어렵게 이해해 줬어.

비상장사 인수는 대부분 사업주를 통한
우호적 인수인데 상장하면 더 힘들었겠지……

우호적 인수

적대적 인수

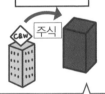

주식

누구나 주식을
살 수 있도록
공개하고 있는
상장 기업에서는
동의 없이
인수 당하는 적대적
인수 합병도 있어

저희 회사의
자회사가 되면 사업은
더욱 성장할 거예요!

귀사의 주식을 3분의 2 이상
샀기 때문에
실질적으로 경영하겠습니다

상장 기업은 항상 적대적
인수 걱정을 해야겠구나

우호적 인수와
적대적 인수란?

초토화 작전

중요 자산을 매각함으로써 상대방의 인수 의욕을 잃게 만든다

과자 사업을 다른 회사에 매각!

황금 낙하산

경영진 해고 시 거액의 퇴직금을 약속함으로써 인수 의욕을 잃게 만든다

퇴직금을 대거 지불하기에 인수해도 자산이 거의 없어

팩맨 방어

기업이 의결권을 잃도록 주식 4분의 1을 사서 인수 상대를 도리어 인수한다

백기사

다른 기업에 우호적 인수로 인수받는다

상대 주식의 4분의 1을 빼앗으면 우리 회사를 인수할 수 없게 된다!

도와주세요!

이 외에도 여러가지 방법이 있는것 같아

자사의 매력을 약화시키기도 하고, 다른 기업의 힘을 빌리기도 하고, 재미있네

NEXT

적대적 인수를 막는 방안을 알아본다

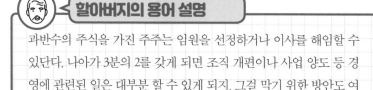

할아버지의 용어 설명

과반수의 주식을 가진 주주는 임원을 선정하거나 이사를 해임할 수 있단다. 나아가 3분의 2를 갖게 되면 조직 개편이나 사업 양도 등 경영에 관련된 일은 대부분 할 수 있게 되지. 그걸 막기 위한 방안도 여러 가지가 존재한단다.

STAGE 4

VC(벤처 캐피털)

벤처기업의 강력한 아군

일단 창업자 이익만큼 돈은 받았지만 매일 인터넷으로 뉴스 보는 것밖에 할 일이 없어…….

어머, 우리 동네에 생긴 파티스리가 벤처 캐피털로 자금 조달했구나.

VC(벤처 캐피털)

투자자

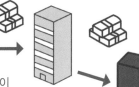

투자자에게서 받은 자금으로 성장 가능성이 높은 비상장 기업에 투자한다. 경영 지도나 상장 안내 등을 하기도 한다

비상장사

우리는 할아버지라는 막강한 출자자가 있었지만 누구나 그런 사람이 있는 건 아니야

그 중에서도 유망한 기업을 미국에서는 유니콘 기업[2]이라고 부르는구나

VC(벤처 캐피털)란?

2. 평가액 10억 달러 이상, 설립 10년 이내인 비상장 기업

자기 자금이 있다면 그게 좋겠지. 힘내렴!

GOAL

VC는 사용하지 않고 내 자금으로 신규 사업을 시작할 거야!

자금을 마련해서 재시작

출자를 받았으므로 자유로운 경영은 어려워진다. 또 사업이 잘 되지 않으면 지원을 철회한다

다시 창업하고 싶지만, 느긋하게 키우고 싶어…

VC를 이용할지 고민한다

비상장 기업이라도 제삼자로부터 출자를 받았으니까…

우리도 초창기에는 저런 느낌으로 일했었지…

VC의 단점

할아버지의 용어 설명

창업자가 목표로 하는 출구는 상장과 매각 두 가지인데 VC가 목표로 하고 있는 것도 마찬가지란다. 창업자가 자사를 성장시켜 주식을 공개하면 VC의 지분도 단번에 높아지니까. 기업을 매각했을 때도 VC는 매각 이익을 얻을 수 있는 거야.

STAGE 4

지속 가능 경영

사회적 과제와 함께하자

일단 주식을 언니가 사 줘서 목돈이 생겼으니 다시 회사를 차려야겠어.

요즘 보이는 지속 가능 경영이라는 게 내 꿈에 가까운 것 같아.

빈곤

환경 문제

지속 가능 경영은 서스테이너블 경영 이라고도 해

평화

에너지

경제 성장뿐만 아니라 세상의 다양한 과제를 해결하고 지속가능한 사회와 환경을 지향하는 기업을 가리켜

지속 가능 경로
START

지속 가능 경영이란?

청정 에너지

풍력 발전 등
천연 에너지 이용

국산 원료 사용

국내 임업 응원

지방에서 생산된
원료 사용

지방과의 격차를
없앤다

공정무역

개발도상국에도
공평한 거래

건강하고 아이들도
좋아할 만한
과자는 어떤 걸까?

NEXT ➡

물론 과자도 만드니까
어린이를 타깃으로
삼아 볼까?

사업을 생각한다

윤리적 소비는
착한 소비라고도 해.
고객에게도 세상을
배려한 소비를 하도록
호소하는 거지

윤리적 소비를
도입한다

할아버지의 용어 설명

원래 기업의 미션이 사회적 과제의 해결이긴 하지만 지속 가능 경영
은 더욱 직접적으로 사회적 과제에 참여하는 거란다. 물론 이념만으
로는 안 돼. 제대로 수익을 내고 과제도 해결하는 게 지속 가능성의
의미니까.

STAGE 4

크라우드 펀딩

지원자로부터 자금을 모으자

경제적 이유로 과자를 먹지 못하는 아이들이
과자를 먹을 수 있게 하는 서비스를 하고 싶은데
어떻게 시작하지?

맞다, 크라우드 펀딩으로 모아 보면 어떨까?

출자자

좋네요!

크라우드 펀딩
중에는 돈을 내준
사람에게 선물을
주는 경우도 있지

과자를 사먹을 돈이
없는 아이들에게
서비스를 시작합니다!

크라우드 펀딩이란?

| 투자형 | 비투자형 |

투자형

선물=돈

주식형
혁신적인 벤처 기업 등이 매우 적은 양의 주식을 판다. 출자자는 배당을 받는다

대출형
소액의 융자를 모아 대형 사업 자금으로 만든다. 출자자는 대출 금리를 받을 수 있다

펀드형
사업의 기금으로서 출자자를 모집한다. 출자자는 매출에 따른 배당을 받을 수 있다

비투자형

선물≠돈

기부형
선물로 편지 등을 보낸다

> 이 프로젝트를 통해 과자를 먹은 아이에게서 편지가 도착했습니다

구매형
선물로 상품이나 서비스를 제공. 일정액이 모이면 프로젝트가 성립하는 'All or Nothing'과 성립이 정해져 있는 'All in'이 있다

> 아이들과 함께 만든 과자를 선물할게요!

> 기부형으로 생각했는데 색다른 선물이 생각나면 구매형도 좋을 것 같아!

NEXT

크라우드 펀딩의 종류를 알아 보자

할아버지의 용어 설명

인터넷을 이용해 개인으로부터 소액 출자를 대대적으로 모을 수 있게 한 것이크라우드 펀딩이란다. 하지만 투자처의 기업 정보가 불투명하다든가 사업 제안자에 대한 신뢰성의 관점에서 보면 리스크도 있지.

STAGE 4

CSV

지속 가능성을 사업의 기회로 만들자

크라우드 펀딩의 단발성 프로젝트로 사업의 틀은 만들 수 있었어.

하지만 단발성이 아니라 사업체로서 계속해 나가려면 CSV를 고려해야 해.

농가

사과나무에 병이 돌아서…

제조사

자금을 제공할 테니 치료 방법을 연구하자

'기업의 사회적 책임'을 뜻하는 CSR이라는 개념이 있는데 이를 진행한 것이 CSV야

좋은 사과를 딸 수 있게 돼서 서로 매출 상승!

기업이 번 돈으로 사회적 지원을 하는 것이 CSR, 사회적 지원 자체가 기업에 이익이 되는 것이 CSV네

CSV란?

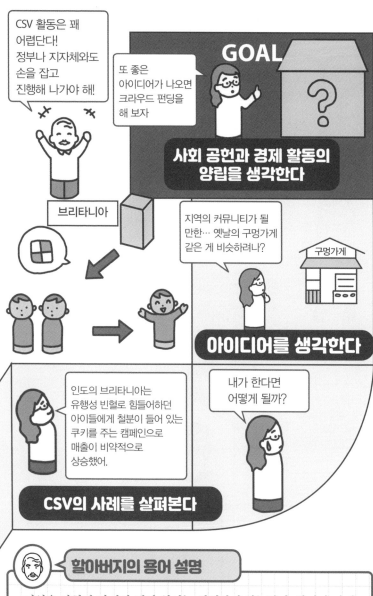

CSV 활동은 꽤 어렵단다! 정부나 지자체와도 손을 잡고 진행해 나가야 해!

또 좋은 아이디어가 나오면 크라우드 펀딩을 해 보자

GOAL

사회 공헌과 경제 활동의 양립을 생각한다

브리타니아

지역의 커뮤니티가 될 만한… 옛날의 구멍가게 같은 게 비슷하려나?

구멍가게

아이디어를 생각한다

인도의 브리타니아는 유행성 빈혈로 힘들어하던 아이들에게 철분이 들어 있는 쿠키를 주는 캠페인으로 매출이 비약적으로 상승했어.

내가 한다면 어떻게 될까?

CSV의 사례를 살펴본다

할아버지의 용어 설명

기업은 사회적 과제의 해결 없이는 성립하지 않는단다. 하지만 과제 해결 그 자체가 기업의 경제 활동에 직결돼 이익이 되는 형태가 바로 CSR과 CSV의 차이가 아닐까?

STAGE 4

사업 승계

회사를 누구에게 이어받게 해야 할까?

하아… C&W를 떠나 직접 작은 가게를 열었는데
나는 언니처럼 경영을 잘 하지 못해.

하지만 모처럼 손님도 늘고 있으니…
사업 승계를 할까?

상품이나 노하우,
자산 등을
이어받아 주세요

주식

사업 승계는
그 이름 그대로
누군가에게
사업을 이어받게
하는 거야

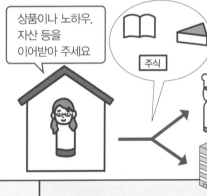

M&A로 다른 기업에
맡기는 방법과 친족이나
직원에게 맡겨서
존속시키는 방법이 있지

자영업자 경로
START

사업 승계란?

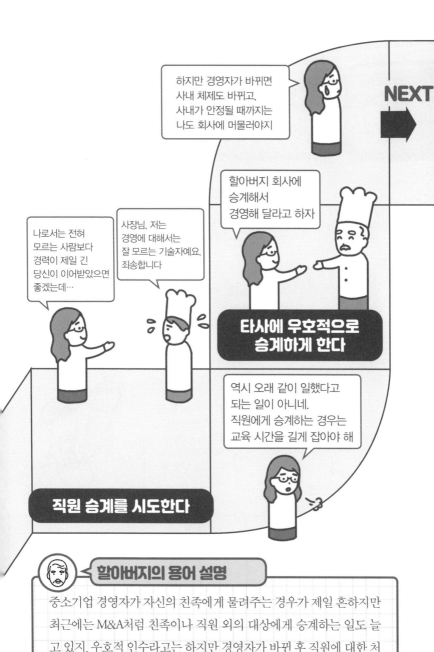

하지만 경영자가 바뀌면
사내 체제도 바뀌고,
사내가 안정될 때까지는
나도 회사에 머물러야지

NEXT →

할아버지 회사에
승계해서
경영해 달라고 하자

나로서는 전혀
모르는 사람보다
경력이 제일 긴
당신이 이어받았으면
좋겠는데…

사장님, 저는
경영에 대해서는
잘 모르는 기술자예요.
죄송합니다

**타사에 우호적으로
승계하게 한다**

역시 오래 같이 일했다고
되는 일이 아니네.
직원에게 승계하는 경우는
교육 시간을 길게 잡아야 해

직원 승계를 시도한다

할아버지의 용어 설명

중소기업 경영자가 자신의 친족에게 물려주는 경우가 제일 흔하지만 최근에는 M&A처럼 친족이나 직원 외의 대상에게 승계하는 일도 늘고 있지. 우호적 인수라고는 하지만 경영자가 바뀐 후 직원에 대한 처우나 회사의 고유 분위기도 생각해 둬야 한단다.

STAGE 4

클래스 비즈니스

밑천이 들지 않는 작은 사업

가게 문도 닫았고, 이제 아무것도 없어져 버렸는데 어떻게 해야 하지…….

그래, 과자 만들기를 가르치는 건 우리 집에서 할 수 있을지도 몰라. 적은 인원부터 시작해 볼까?

자기 집이나 설비를 사용하면 고정비는 들지 않고 원가는 거의 재료비니까 구독료도 낮출 수 있어

C&W시절에 친해진 손님에게 말해 볼까?

클래스를 연다

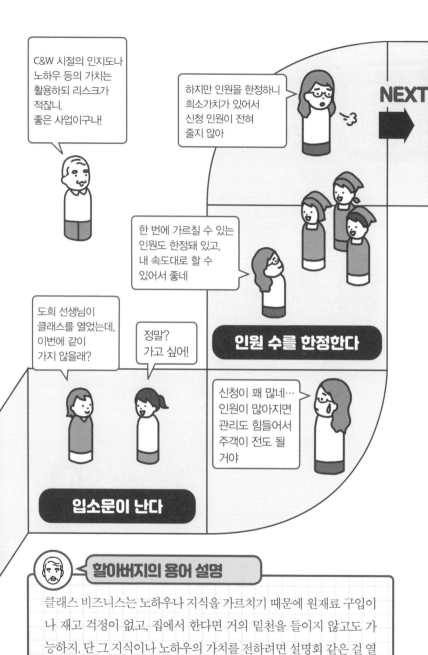

C&W 시절의 인지도나 노하우 등의 가치는 활용하되 리스크가 적잖니. 좋은 사업이구나!

하지만 인원을 한정하니 희소가치가 있어서 신청 인원이 전혀 줄지 않아

NEXT

한 번에 가르칠 수 있는 인원도 한정돼 있고, 내 속도대로 할 수 있어서 좋네

인원 수를 한정한다

도희 선생님이 클래스를 열었는데, 이번에 같이 가지 않을래?

정말? 가고 싶어!

신청이 꽤 많네… 인원이 많아지면 관리도 힘들어서 주객이 전도 될 거야

입소문이 난다

할아버지의 용어 설명

클래스 비즈니스는 노하우나 지식을 가르치기 때문에 원재료 구입이나 재고 걱정이 없고, 집에서 한다면 거의 밑천을 들이지 않고도 가능하지. 단 그 지식이나 노하우의 가치를 전하려면 설명회 같은 걸 열어서 타깃을 잡을 필요가 있단다.

에인절 투자자

창업자의 천사

클래스에 센스가 좋은 젊은이가 있네.

가게를 열고 싶다고 했는데,
몇 년 후에나 가능하겠지…….

가게 열 자금이야.
그냥 주는 게 아니야.
이걸 밑천 삼아
자기 사업을 키워 봐

하지만 저는
과자 만드는 것밖에는
할 줄 아는 것도 없고…

나중이라고 하지
말고 지금부터
해 보는 게 어때?

저, 나중에는
제 가게를
갖고 싶어요!

유망한 기업가에게 투자한다

자신의 라이프 스타일, 사회적 지원, 확장성 있는 사업, 이 모든 것을 충족시키는 해피엔딩이로구나!

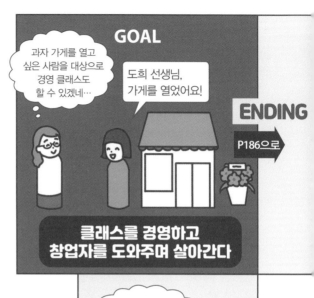

GOAL

과자 가게를 열고 싶은 사람을 대상으로 경영 클래스도 할 수 있겠네…

도희 선생님, 가게를 열었어요!

ENDING

P186으로

클래스를 경영하고 창업자를 도와주며 살아간다

과자 만들기뿐 아니라 경영도 물론 내가 도와줄게!

우선 자신만의 과자를 만들어서 인터넷 쇼핑몰에서 판매하고…

네!

나는 스스로 뭔가를 하는 것보다 다른 사람을 가르치거나 도와주는 일이 맞아

창업을 지원한다

자신의 특성을 깨닫는다

할아버지의 용어 설명

VC가 융자하는 대상은 성장하고 있는 업계의 혁신성 있는 사업뿐이 아니란다. 그 이외의 수많은 기업가를 지원하는 것이 에인절 (angel) 투자자라고 불리는 개인 투자자지. 요즘은 기업가와 투자자를 연결해주는 매칭 서비스도 있어.

에 필 로 그

상장한 지호와 클래스를 열어 학생들을 가르치는 도희는 오랜만에 만나 근황을 이야기하고 있습니다.

있잖아, 내가 출자한 애가 옛날의 언니랑 쏙 빼닮았어. 에너지와 야망이 넘친다고나 할까?

내가 그랬나? 젊을 때는 그랬을지도 모르겠네. 아~ 그때의 에너지를 갖고 싶어!

회사 어려워?

아니, 잘 돼. 이번엔 해외에 공장 지어서 더 크게 할 거야. 하지만 주변 사람들은 '사장님, 더 신중하세요' 라나 뭐라나?

(옛날이랑 똑같네.)

지호야! 도희야!

앗, 할아버지!

허허, 둘 다 자기가 선택한 길에서 잘 지내고 있는 것 같구나.

그렇지 않아요. 저는 회사를 더 키워야 하거든요!

왠지 이 느낌. 셋이서 과자 만들어 팔기 시작했을 때랑 비슷하네. 그립다.

지호와 도희의 사업은 앞으로도 계속될 것 같습니다.

마치며

끝까지 읽어주셔서 감사드립니다.

경영학은 다방면에 걸쳐 있기 때문에 이 책 한 권으로 모든 것을 전달하기는 어렵습니다. 그러나 어떤 학문이든 우선 전체적인 흐름을 파악하고, 그 다음에 더 자세히 배워 나가는 것이 가장 효과적인 학습 방법이라고 생각합니다.

두 자매의 이야기와 일러스트를 통해 경영학의 전체적인 흐름은 파악했으리라 믿습니다. 당신이라면 어떤 길을 선택할 것 같나요?

사업과 장사는 그 목적에 따라 경영 방식도 크게 달라집니다.

창업이라고 하면 젊은 사람들이 하는 벤처 기업부터 떠오르겠지요. 하지만 백세 시대를 살아가려면 한 회사에서 계속 일하는 것만으로는 모자랍니다. 부업을 하거나 직장을 그만두고 장사를 하는 방법 등 다양한 삶의 방식이 필요한 시대가 되었습니다.

그런 의미에서 선인들의 식견이 담겨있는 경영학을 배워 두면 분명히 도움이 될 것입니다.

이 책을 읽고 여러분이 창업하는 데 보탬이 된다면 더할 나위 없이 기쁘겠습니다.

덧붙여 경영에 관한 최신 정보나 경영학 용어가 궁금하다면 '칼 경영학원(カール経営塾)'이라는 무료 웹사이트를 참고하세요. (https://www.carlbusinessschool.com/)

아타미 테라스에서 히라노 아쓰시 칼

주요 참고 도서

平野敦士カール. (2015). カール教授のビジネス集中講義 経営戦略. 朝日新聞出版.

平野敦士カール. (2015). カール教授のビジネス集中講義 マーケティング. 朝日新聞出版.

平野敦士カール. (2015). カール教授のビジネス集中講義 ビジネスモデル. 朝日新聞出版.

平野敦士カール. (2016). カール教授のビジネス集中講義 金融・ファイナンス. 朝日新聞出版.

平野敦士カール. (2012). マジビジプロ [図解　カール教授と学ぶ 成功企業 31 社のビジネスモデル超入門！.
ディスカヴァー・トゥエンティワン.

平野敦士カール 監修. (2018). 経営学見るだけノート. 宝島社.

平野敦士カール 監修. (2018). マーケティング見るだけノート. 宝島社.

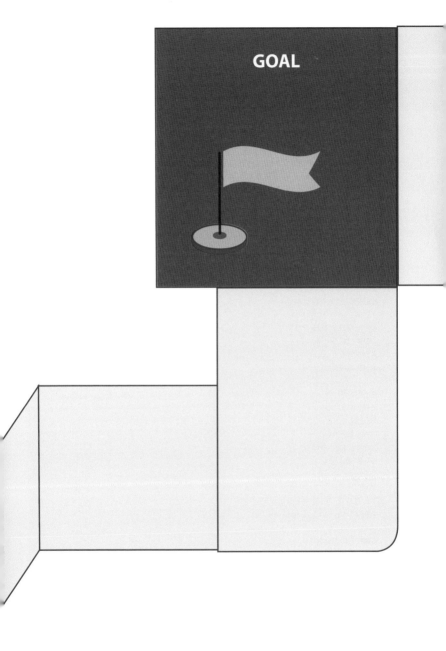

GOAL

SUGOROKU KEIEIGAKU

하루 한 권, 주사위 경영학

초판인쇄 2023년 06월 30일
초판발행 2023년 06월 30일

지은이 히라노 아쓰시 칼
그린이 기타가마에 마유
옮긴이 박제이
발행인 채종준

출판총괄 박능원
국제업무 채보라
책임편집 조지원 · 김민정
디자인 홍은표
마케팅 문선영 · 전예리
전자책 정담자리

브랜드 드루
주소 경기도 파주시 회동길 230 (문발동)
투고문의 ksibook13@kstudy.com

발행처 한국학술정보(주)
출판신고 2003년 9월 25일 제 406-2003-000012호
인쇄 북토리

ISBN 979-11-6983-402-5 04400
      979-11-6983-178-9 (세트)

드루는 한국학술정보(주)의 지식 · 교양도서 출판 브랜드입니다.
세상의 모든 지식을 두루두루 모아 독자에게 내보인다는 뜻을 담았습니다.
지적인 호기심을 해결하고 생각에 깊이를 더할 수 있도록, 보다 가치 있는 책을 만들고자 합니다.